Teoria do jogo

Dados Internacionais de Catalogação na Publicação (CIP)
(Câmara Brasileira do Livro, SP, Brasil)

Retondar, Jeferson José Moebus
Teoria do jogo : a dimensão lúdica da existência humana / Jeferson José Moebus Retondar. – Petrópolis, RJ : Vozes, 2007.
Bibliografia.
ISBN 978-85-326-3515-0
1. Jogos 2. Jogos educativos 3. Teoria do jogo I. Título.

07-3750 CDD-790.1

Índices para catálogo sistemático:
1. Jogo : Ludicidade : Atividades recreacionais 790.1

Jeferson José Moebus Retondar

Teoria do jogo

A dimensão lúdica da existência humana

EDITORA
VOZES

Petrópolis

Rua Frei Luís, 100
25689-900 Petrópolis, RJ
Internet: http://www.vozes.com.br

Editoração: Dora Beatriz V. Noronha
Projeto gráfico: AG.SR Desenv. Gráfico
Capa: Omar Santos

ISBN 978-85-326-3515-0

Este livro foi composto e impresso pela Editora Vozes Ltda.

Agradecimento

À minha querida família, Lilian Coutinho Campinho Retondar e Júlia Campinho Retondar, por minhas ausências apesar da presença.

Dedicatória

A todos os meus alunos da Uerj, mas, principalmente, àqueles que passaram pela Disciplina Rítmica: no decurso de dez anos falando e vivenciando com vocês sobre o lúdico foi que verdadeiramente aprendi a compreender melhor e a acreditar no jogo como conteúdo indispensável na formação de cidadãos.

Sumário

1

Introdução

Quando se fala em jogo, acredito que muitas imagens e conceitos nos vêm à cabeça. Devido a seu caráter polissêmico, a palavra jogo pode assumir sentidos diversos e muitas vezes até contraditórios. Pois vejamos: quando observo crianças se relacionando em grupo, correndo uma atrás da outra de maneira lúdica, digo que estão jogando; ao sair para assistir uma partida de futebol, digo que estou indo ver um jogo; quando encontro um conhecido que acabou de sair do bingo, ele me diz que não estava com sorte naquele dia, pois não ganhou nada no jogo; ao me referir por metáfora ao movimento da vida, posso dizer que a vida é um grande jogo, ou, ainda, quando um amigo me diz que seu cachorro gosta muito de brincar, de jogar de atacar e defender... Sem falar nos atributos morais de que muitas vezes o termo jogo é recoberto, como, por exemplo, o de ser uma prática imoral, uma realidade séria, uma manifestação do sentido de justiça, uma atividade frívola, o tabuleiro do destino divino, uma força demoníaca e ameaçadora aos costumes, uma prática irresponsável e sem finalidade alguma, dentre outros.

Da maneira que concebemos, o jogo é antes de tudo uma atividade, isto é, uma ação humana pautada por uma intenção que se justifica por si mesma, sob o pano de fundo do universo imaginário, balizado por regras. Portanto, se diferencia do exercício na medida em que não é uma repetição mecânica, destituída de sentido imaginário e cujo objetivo visa sempre uma finalidade prática e imediata.

A noção de jogo enquanto atividade se apresenta, por outro lado, como realidade que engloba o esporte, mas que não se reduz a ele. Admito três diferenças básicas entre jogo e esporte, a saber: o jogo é uma prática cultural e social legitimada, mas que não foi institucionalizada, como o esporte. O esporte é o jogo institucionalizado, isto é, o jogo que se organiza em torno das ligas, federações, confederações e que determina o modo de organização, de manifestação e de punição dos praticantes. Por conta da institucionalização do jogo que se transforma em esporte, a competição, entendida como segunda característica diferenciadora e definida como exercício de luta e de embate, é uma outra condição básica de manifestação no esporte, pois esta remete à necessidade constante de superação dos adversários levando os esportistas à aquisição de prêmios, de medalhas, de troféus, à mudança de *status* social e muitas vezes à mudança de *status* econômico. Diferente do jogo, onde o espírito competitivo pode emergir durante o movimento do jogado, mas cuja finalidade última é realizar os próprios jogadores e provocar a superação e a auto-superação por parte deles no momento presente do jogo, sem qualquer finalidade externa a ele mesmo. Quando emerge a competição no jogo esta não visa promover ou premiar materialmente ninguém. No jogo, celebra-se o próprio ato de jogar embalado pela predominância do espírito lúdico. Esta também pode acionar a dimensão competitiva, mas compreendida como necessidade fundamental de expressão e não como pré-condição ao início do próprio jogo, como ocorre no esporte. Por fim, identifico uma terceira característica diferenciadora entre o jogo e esporte, que é a percepção das regras. No jogo, as regras orientam a conduta dos jogadores e podem ser modificadas em função de suas necessidades, tantas vezes quanto for necessário. Mas, desde que sempre acordado pelo grupo, pois assim, as regras que irão vigorar em função do contrato com o "outro" se apresentarão de maneira imperativa, garantindo a identidade do próprio jogo. Ao contrário do esporte, onde as regras não orientam, mas determinam a conduta dos jogadores. São os jogadores que têm que se adaptar às regras. As regras são imperativas independentemente da necessidade dos jogadores, pois sua observância está prescrita na forma de lei pela institucionalização do jogo. Daí o trabalho, o exercício e o treino visando a *performance* do jogador para melhor se adaptar às necessidades da prática esportiva e os ganhos que poderá obter decorrente dela e de seu rendimento.

Entre os termos jogo e brincadeira, não faremos qualquer distinção de um e de outro, ainda que tenha uma hipótese de que se pudermos diferenciar o que venha a ser jogo e o que venha a ser brincadeira, teremos que demonstrar do ponto de vista prático uma e outra realidade. O que no caso entre jogo e esporte é possível, mas entre jogo e brincadeira ficaria muito mais difícil. Mas, guardo comigo uma idéia que aos poucos estou desenvolvendo e que não será objeto de maior aprofundamento neste livro que é a hipótese de, uma vez considerando a diferença entre jogo e brincadeira, uma pista importante seria a de que na brincadeira o brincante não partilha com o outro as regras e nem o sentido imaginário daquilo que está realizando. O brincante é um solitário que ludicamente vive um mundo próprio e fechado sobre si mesmo e que faz uso de mudanças abruptas das brincadeiras por conta da necessidade de se auto-satisfazer.

Mas isso será tema de maiores reflexões em um outro momento. Portanto, no escopo deste livro, os termos jogo e brincadeira aparecerão somente como sinônimos.

Uma vez feita esta demarcação de que o jogo é uma noção que engloba o tradicional esporte e que se define por ser uma ação em oposição ao exercício, trataremos de aprofundá-la no decorrer do livro com a intenção de apresentar uma perspectiva de se pensar o jogo como realidade profundamente humana e necessária. Necessidade que aponta para a liberdade, para a gratuidade e para a autonomia. Portanto, passível de ser apropriada por diversos profissionais e não-profissionais com a intenção de melhor compreender os indivíduos na sua manifestação mais autêntica e, por conta disso, criar canais profícuos de comunicação e de intervenção sobre a formação dos sujeitos.

Posto isto, faz-se fundamental também dizer, à guisa de introdução, que só há jogo porque há jogadores que o significam como tal. Portanto, os sentidos, as representações que os jogadores atribuem a ele, considerando o contexto cultural e social no qual são gerados, aponta para a idéia de que quem joga sempre, em alguma medida, coloca-se em jogo frente a si e frente ao mundo. Jogar é dizer de maneira lúdica aquilo que só pode ser dito através do discurso não verbal em situações imaginárias. E como entendemos que o imaginário não é o oposto do real, mas o suporte mesmo da realidade, o ato de jogar revela subjetividades no presente e aponta pistas para o futuro.

Este livro se destina àquelas pessoas que acreditam que há poucas coisas tão sérias na vida como o jogo. Para quem joga, ou melhor, para quem se permite entrar em jogo e ser jogado pelo movimento que detonou, este livro pode servir como ajuda para compreensão de momentos inusitados e de irrupção de sentimentos mais intensos e verdadeiros não previstos de se manifestarem, mas que "escapam" dentro do espaço do jogo e mostram que quem "vê cara, também pode ver coração".

Aos educadores e formadores de opinião que atuam na interação com o "outro", talvez este livro possa ajudar a pensar que, se você quer realmente conhecer um pouco mais os seus pares, observe-os jogando, mas se você quer se emocionar para valer, jogue com eles.

Petrópolis, 14 de abril de 2006

2

O jogo

Na história da filosofia, podemos situar o jogo como um tema que foi pouco discutido de maneira detalhada pelos grandes filósofos. Mas, como a presença do jogo era inegável na vida humana e se confundia com o surgimento da *polis* e da *paidéia*[1] na formação do homem grego, o jogo não podia ter passado despercebido na história do Ocidente.

Colas Duflo[2] apresenta de maneira relevante o desenvolvimento da noção antropológica de jogo numa perspectiva histórica entre os séculos XV e XVIII. Admite que há três grandes apropriações da história do pensamento em relação ao jogo. A primeira apropriação diz respeito à compreensão do jogo dentro do escopo ético, muito influenciado pelos estudos de Santo Tomás de Aquino em sua *Suma Teológica*. Nessa perspectiva, o jogo se torna uma ocupação perigosa para a vida cristã, na medida em que pode desvirtuar o comportamento do indivíduo devido ao seu caráter absorvente e envolvente. Nesse caso, não é somente o jogo, mas o excesso que este pode suscitar é que se torna prejudicial do ponto de vista

---

1. JAEGER, W. *Paidéia* – A formação do homem grego. São Paulo: Martins Fontes, 1995.

2. DUFLO, C. *O jogo*: de Pascal a Schiller. Porto Alegre: Artmed, 1990.

da moral cristã. O jogo, como uma das paixões que ocupa a alma, desvirtua a atenção e a observância necessárias ao Homem comedido e de fé.

Uma segunda apropriação histórica dentro do pensamento filosófico remete à apropriação do jogo enquanto objeto epistemológico, isto é, como componente de uma lógica própria de se pensar e de se produzir conhecimentos sobre a vida e sobre o mundo. E, nessa perspectiva, Luca Pacioli, em sua *Suma Aritmética*, a partir dos jogos de acaso, faz nascer um ramo da Matemática que é a teoria das probabilidades. Além da presença do indeterminado nessa classificação dos jogos, há também a presença da engenhosidade humana em lidar com o indefinido, com o imponderável da vida. Na versão atual, em Economia, temos a teoria dos jogos como modelo explicativo e orientador das tensões entre mercado e investidor em um mundo de rápidas e imprevisíveis transformações.

Numa terceira apropriação histórica do jogo, datada do início do século XVIII em diante, temos a influência da grande obra de Schiller: *A educação estética do homem numa série de cartas*, que passa a situar o jogo no interior da perspectiva estética e também pedagógica. O autor acredita que somente o homem joga, e joga porque, assim fazendo, consegue harmonizar os impulsos sensíveis com os impulsos inteligíveis, isto é, concilia os sentimentos mais viscerais com as prerrogativas sociais, com as normas, com a razão de ser do mundo sem provocar nenhuma sobrevalorização de um impulso em detrimento do outro. Daí a importância de se educar o Homem para o belo, para o jogo.

Assim, temos a possibilidade de compreender o jogo nas perspectivas ética, epistemológica e estética. Neste capítulo, entretanto, como se trata de discutir uma caracterização genérica e universal sobre o jogo, estaremos abordando a perspectiva epistemológica através da singular obra produzida originalmente em 1938, por Johan Huizinga, intitulada homo ludens.

Se podemos definir o Homem como aquele que é dotado de razão, *homo sapiens*, não podemos também deixar de defini-lo como aquele que é *fabricador de cultura*, pois só o homem estabelece uma relação com a natureza pautada em significado, em sentido. Só o Homem constrói várias formas de habitação, atribuindo sentidos diferentes a cada uma delas, inventando com isso a história da arquitetura. Muito diferente do joão-de-barro, que ao nascer já está programado instintivamente a construir a mesma casa sempre. Mas, se o Homem é *sapiens e faber*, Huizinga[3] irá defender a idéia de que o Homem é também por excelência *ludens*, isto é, necessita estabelecer uma relação lúdica, através da evasão da vida real, com o mundo da realidade.

O texto de Huizinga será apropriado neste trabalho com a perspectiva de nos ajudar a pensar o jogo como um componente universal, isto é, presente em todas as culturas e se manifestando de maneiras diferentes nas diversas sociedades. Para tanto, o autor de *homo ludens* apresenta características formais e informais do jogo que, segundo ele, o define como um singular fenômeno social e universal, pois presente em todas as formas de organização de vida humana.

Portanto, estaremos apresentando as características formais e informais do jogo na perspectiva de Huizinga, procurando interpretá-las de maneira que possamos minimamente demarcar a noção de jogo ou brincadeira como realidade que pode ser apropriada por crianças, adolescentes, adultos, idosos, nos espaços formais e informais da vida cotidiana com inúmeras repercussões.

---

3. HUIZINGA, J. *Homo ludens*. São Paulo: Perspectiva, 1982.

Huizinga identifica quatro características formais do jogo, a saber: a voluntariedade, as regras, a relação espácio-temporal e a evasão da vida real. E algumas características informais como a tensão e a incerteza, a presença do acaso, o espírito lúdico, o espírito agonístico e o sentido do "faz-de-conta". Assim, para Huizinga, qualquer manifestação social que apresente as características formais e informais citadas acima pode ser considerada como uma forma de jogo. Vamos agora nos deter um pouco mais nessas características.

Todo jogo para ser jogo tem que ser antes de tudo uma ação voluntária por parte do indivíduo. Não existe jogo na acepção profunda do termo, quando este não estiver pautado em uma decisão por parte do jogador em querer jogar. Nesse caso, a voluntariedade tende a remeter ao sentido de liberdade enquanto tomada de decisão consciente. Decisão em querer jogar e em querer continuar ou não jogando. Pois podemos ter determinadas situações em que o indivíduo é coagido ou pressionado a "jogar" um determinado jogo e aí o que ocorre é que ele entra no jogo que lhe é conveniente, mas a sua voluntariedade ainda não foi manifestada; somente na medida em que a atividade vai se desenrolando é que ele, enquanto sujeito de sua ação, deverá decidir se quer de fato continuar a jogar ou não.

É um engano achar que os indivíduos que iniciam um determinado jogo ou brincadeira estão de fato jogando. Como disse, existem inúmeros motivos que podem levar o indivíduo a realizar algo que ele de fato não gostaria de realizar, mas que, em função das circunstâncias, o acaba enredando de tal maneira fazendo com que adira inicialmente à atividade. Mas aderir inicialmente a uma atividade significa apenas exercitar, "aquecer" a possibilidade daquilo que o jogo realmente exige, ação voluntária, pois significativa para o sujeito.

O observador atento é capaz de identificar a voluntariedade do jogador no jogo quando ele começa a se envolver de fato com o universo imaginário que é construído e reforçado por ele. Seja através do personagem que ele incorpora momentaneamente (polícia, ladrão, herói, vilão, pai, mãe, jogador), seja através dos trejeitos do rosto, seja através da vibração do corpo, seja através da presença do suor, seja através dos gritos, seja através dos tiques, enfim, manifestações que traduzem a adesão emocional do indivíduo face àquilo que ele decidiu de fato realizar de maneira absorvente. Nesse caso, a voluntariedade se faz presente do início ao fim da ação e, assim, podemos identificar uma característica marcante do que estamos definindo como jogo.

Da mesma forma, podemos identificar que num determinado jogo o indivíduo que aderiu inicialmente a ele e se manteve por um determinado espaço de tempo pode, gratuitamente, decidir que não quer mais jogar e abandonar o jogo. Ainda que pese o contrato firmado pelos jogadores e suas conseqüências de ordem moral, que veremos com mais atenção quando nos referirmos à presença das regras, o abandono do jogo é, antes de tudo, uma decisão do indivíduo em não mais querer jogar. Portanto, ação voluntária por não querer mais se manter em uma situação que de alguma maneira não lhe é mais significativa e envolvente.

Voluntariedade no jogo significa decisão de iniciar e continuar no jogo, considerando o bem que tal atividade proporciona enquanto prática significativa que atende às necessidades mais imediatas e profundas. Pois, no jogo, há sempre alguma coisa em jogo posta pelo próprio jogador.

Do ponto de vista da formação do sujeito, o exercício da capacidade do indivíduo em tomar decisões e ser capaz de apontar com rigor aquilo que lhe convém e aquilo que não lhe convém, bem como a assunção da responsabilidade em arcar com as conseqüências de seus atos, é um dos desdobramentos do exercício da voluntariedade que será discutido mais à frente, quando nos referirmos sobre a importância do jogo na formação do sujeito.

Uma segunda característica que fundamenta a noção de jogo são as regras. Não existe jogo sem regras. O jogo se inscreve como uma ação voluntária e sujeito a regras, pois estas criam a ordem e são a expressão da própria ordenação do jogo. Seja em um jogo individual ou coletivo, são as regras que balizam o movimento imaginário na direção de uma regularidade mínima do ato de jogar. Quando uma criança ou um adulto apanha uma bola de tênis e começa a lançá-la para o alto e, durante o subir e descer da bola, inventa situações novas de pegá-la, amparadas pelo pano de fundo imaginário, o jogo vai assumindo formas diferenciadas de se jogar, na medida em que as regras vão sendo construídas, desconstruídas e reconstruídas espontaneamente. Assim, se no início do jogo ou brincadeira a regra era tão-somente lançar a bola para o alto e segurá-la na mão, na medida em que a repetição do movimento vai suscitando uma atribuição nova de sentido em relação àquele movimento original, uma nova regra pode ser incorporada, a de lançar a bola para o alto e, antes de segurá-la com a mão, conseguir bater duas palmas, depois, três palmas, quatro palmas e um giro, jogar o mais alto que puder e assim infinitamente. No jogo da auto-superação e do desafio constante as regras vão se estruturando e garantido a identidade do movimento que já foi superado na direção de um outro que se objetiva superar.

Da mesma forma acontece nos jogos de sociedade[4]; tomemos como exemplo um dos jogos de tabuleiro, que é o xadrez; cada peça possui uma representação simbólica em

---

4. A expressão jogos de sociedade foi cunhada por Jean-Marie Lhôthe para designar o jogo que necessita de, no mínimo, duas pessoas para se jogar, em seu gigante inventário sobre a *Histoire des jeux de société* (Paris: Flammarion, 1994).

um ambiente onde se trava uma guerra imaginária de dois reinos contrários, o reino preto e o reino branco. A rainha tem de ser protegida. O exército tem que proteger o seu reinado e, para tal, disponibilizam os peões, os cavalos, os bispos, para defender e atacar. Só o fato de dizermos que o cavalo no xadrez é uma peça que representa o cavalo real, com movimentos limitados e alcances determinados, a regra de movimentar o cavalo só se aplica a ele e a mais nenhuma outra peça do tabuleiro. Assim, cada peça remete a regras de se movimentar dentro do universo imaginário da disputa entre dois reinos enquanto regras simbólicas partilhadas pelos jogadores.

Uma outra imagem que ilustra bem a presença das regras, mas que observada sem maior rigor pode passar despercebida para o observador, diz respeito àquela criança que brinca-joga "solitariamente" de família. Na realidade, se nos permitirmos nos aproximar mais da realidade do brincante-jogador, veremos que há uma estrutura lógica muito bem articulada pela criança. Ela nomina a boneca de mãe, o boneco de pai, o bonequinho de filho ou filha, a areia de comida, o palito de fósforo de árvore e assim vai dando vida aos personagens dentro de um enredo compatível com as informações e influências que ela vivencia em seu mundo real. Daí, quando ela representa a mãe lavando a louça e o pai chegando do trabalho, por exemplo, a criança está demonstrando a internalização dos papéis sociais que ela experimenta em seu cotidiano, isto é, demonstra a internalização das regras de comportamento que dentro de seu universo cotidiano remete a ser pai e ser mãe. É claro que com isto não estou dizendo que o jogo é uma reprodução do mundo real da criança, se não, não seria jogo, mas sim exercício mecânico e sem significado. Mas, por outro lado, o jogo também é uma forma de imitação da realidade. Pois quem joga, joga sempre dentro de um lugar social determinado, em um contexto cultural e social demarcado.

De qualquer maneira, as regras no jogo possuem o papel de mediar as relações intersubjetivas nos jogos de sociedade e, por outro lado, garantir uma identidade mínima através da repetição da forma de se jogar para que estas possam ser passíveis de serem superadas ou mesmo ressignificadas, seja do ponto de vista dos jogos individuais ou solitários.

Não existe sociedade sem regras. Se pudéssemos imaginar um conjunto de indivíduos vivendo à mercê de suas necessidades imediatas e instintivas o tempo todo, certamente estaríamos nos referindo à vida bárbara e não à vida em sociedade. Até porque, do ponto de vista filosófico, aqueles que vivem seus instintos e suas necessidades físicas e não conseguem se autocontrolar são escravos de si mesmos são escravos de suas necessidades orgânicas e fisiológicas. Diferente da liberdade como valor necessário para a vida em sociedade. Ser livre não significa fazer o que se quer, na hora que se quer, impulsionado pelos desejos e instintos. Ser livre significa ter autocontrole diante dos desejos e dos instintos para se conviver e se permitir ser com e a partir do "outro".

Nesse sentido, a presença das regras no jogo é aquilo que permite que ele seja o que é e não outra coisa. Ou seja, a identidade de um determinado jogo e seu sentido de pertencimento e adesão por um determinado grupo tem a ver com o fato de ele se apresentar na sua forma identificável, repetitiva, determinável, isto é, passível de ser apropriado de maneira diversa por seus admiradores. Imagine se no jogo de futebol, a cada partida fosse incorporada ou suprimida uma regra infinitamente. Chegaria um ponto em que ele não seria reconhecido como tal, pois indivíduos diferentes poderiam pensá-lo de maneira oposta entre si e aí, quando a bola rolasse durante o jogo, um dos jogadores, legitimamente, poderia fazer um gol com a mão e o outro não entender nada, e o segundo faria o lateral com os pés e o primeiro também nada entenderia e um terceiro aprendeu que é possível jogar o futebol com duas bolas e os dois primeiros não conseguiriam novamente compreender a razão de ser de tal ato, enfim, uma verdadeira torre de babel que impossibilitaria a comunicação entre os jogadores na medida em que não há uma estrutura mínima de consenso sobre como se deve proceder.

Mas, por outro lado, isso não significa dizer que as regras no jogo têm que ser verdadeiras camisas-de-força, ao contrário, não podemos esquecer que as regras no jogo servem para mediar as relações intersubjetivas e não determinar as condutas dos jogadores. Portanto, em função das necessidades dos indivíduos e em função das condições objetivas, isto é, das condições materiais, das condições geográficas e orgânicas dos jogadores, o jogo pode iniciar de uma maneira e, no decorrer do jogo, assumir novas formas, com incorporações ou supressões de regras. Mas, vejam, isto desde que os jogadores assumam tais mudanças dentro do contrato do jogo. Pois, uma vez acordado com o grupo as novas regras do jogo, estas se apresentarão para o próprio grupo de maneira imperativa.

No jogo, as regras podem e devem ser adaptadas às diversas circunstâncias. Vejam o caso do futebol jogado em um terreno baldio, a tradicional "pelada", as balizas são demarcadas com chinelos ou pedras, institui-se que quando a bola bater no muro ela não sai e assim por diante. Regras autorizadas pelos próprios jogadores e que são seguidas à risca. Mas, no decorrer do jogo, pode acontecer que o gol que tinha sido medido com um passo de distância está muito pequeno, pois ninguém consegue fazer gol, ou ainda, que o fato da bola bater no muro e não sair está gerando um ritmo no jogo muito intenso e além da capacidade dos jogadores. Daí, eles podem parar o jogo e instituir novas regras para retificar as anteriores com o intuito de fazer o jogo acontecer de maneira que se possa gozar dele todo o prazer e beleza que pode proporcionar.

Se as regras no jogo se fundamentam por mediar as relações intersubjetivas, considerando a sua adequação às necessidades e possibilidades dos jogadores e às condições físicas e geográficas do espaço do jogo. Por outro lado, a validade das regras pode remeter também a uma permissividade à transgressão delas mesmas. Explico: quando observamos um jogo de disputa como o queimado ou mesmo o futebol, na rua do bairro ou na escola, onde uma das regras básicas é que haja igualdade de condições para ambas as equipes. Assim, a igualdade numérica de jogadores é um dos pressupostos básicos. Entretanto, em diversas situações podemos observar que dentro do espírito predominantemente lúdico do jogo pode acontecer que uma das equipes esteja com um jogador a mais, o que teoricamente implica ferir o pressuposto da igualdade numérica e do sentido de justiça. Mas não é isto que ocorre. Pois, a medida da justiça e do equilíbrio de forças é negociada antes pelos jogadores de maneira que a divisão das equipes se dê com a separação dos jogadores mais hábeis e capazes no início ou no final da escolha, de modo que haja um equilíbrio através da presença destes em ambas as equipes. A regra é que se deva manter o equilíbrio das forças e, dentro do possível, incluir aqueles que ficariam de fora do jogo.

Ainda considerando o sentido de justiça e da eqüidade, pode acontecer que em uma das equipes haja um jogador a mais, este considerado por todo o grupo como não sendo tão habilidoso a ponto de causar o desequilíbrio das forças que é o chamado "café com leite". Nesse caso, temos um acordo coletivo que visa salvaguardar o sentimento de justiça, mas onde este não é medido de maneira objetiva, quantitativa, mas antes, subjetivamente, qualitativamente. Aos olhos de quem está distante da situação, empiricamente falando, há desigualdade quando se observa uma equipe com seis e outra equipe com sete jogadores, mas, em se tratando do jogo enquanto construção humana, o olhar a distância é sempre míope e parcial.

Uma outra manifestação curiosa no jogo e que está diretamente ligada às regras diz respeito à criação do jogo dentro do jogo. Imagine que a brincadeira-jogo seja passar por uma corda em movimento sem ser tocado por ela. Pois bem, regra acordada pelo grupo e que atende perfeitamente às possibilidades e limitações físicas dos brincantes-jogadores, bem como, se adéqua perfeitamente ao espaço físico e às condições materiais pedidas pelo jogo. O jogo começa e todos passam sem ser tocados pela corda, uns com mais e outros com menos habilidade, mas todos conseguem passar por sob a corda, ou melhor, quase todos, porque uma criança de idade menor que quer participar com o grupo da brincadeira não possui ainda um repertório mínimo de habilidades e competências motoras para superar o difícil obstáculo que se apresenta para ela. Mas, assim mesmo se mantém firme e insistente e, na segunda rodada, novamente, não consegue escapar da corda... na terceira, idem, e assim vai se repetindo. Até que, num determinado momento, essa criança menor, ao tomar consciência de que não conseguirá passar pela corda sem ser tocado por ela, pois lhe falta capacidade motora para tal, cria um novo jogo dentro do próprio jogo, qual seja, o de ser tocada pela corda. Assim, todos os demais colegas passam novamente sem ser tocados pela corda e, quando chega a vez da criança menor, ela, ao contrário da maioria, vai ao encontro da corda, é tocado por ela e termina caindo no chão propositadamente e rindo: ela acabou de inventar uma nova regra para poder continuar jogando com o grupo, qual seja, a de ser tocada pela corda e cair no chão após o toque. O curioso é que o grupo, ao invés de repudiar tal atitude desse colega pelo fato de estar transgredindo uma das regras básicas da brincadeira, ao contrário, eles consentem, mas só para ele, pois de maneira sensível acabam por compreender que tal "transgressão" não teve o intuito de estragar o jogo, mas tão-somente de ampliá-lo para que todos pudessem jogar. Isso é o que chamo de autopermissão e transgressão ao dever no jogo, ou jogo dentro do jogo.

Diante do exposto, parece-me que fica claro que as regras no jogo não deixam de ser altamente sérias e imperativas. Mas tal seriedade e imperatividade se dá pelo fato de terem sido legitimadas pelo grupo em favor do próprio grupo que quer jogar um bom jogo, considerando suas possibilidades e limitações.

Seguindo a caracterização do jogo na perspectiva de Huizinga, podemos dizer que o jogo, além de ser uma atividade voluntária e sujeito a regras, ele por natureza tem de se desenvolver em uma relação espácio-temporal definida, isto é, o jogo se realiza dentro de um espaço e dentro de um tempo próprios.

Trago a imagem de um grupo de crianças jogando o jogo de bolinhas de gude ou um grupo de adultos reunidos em casa para passar o tempo jogando jogos de cartas ou algum tipo de jogo de tabuleiro que envolva estratégia, para ilustrar a relação espácio-temporal de que se reveste o jogo.

Antes de se iniciar o jogo, todos os participante têm muita clareza de que o objetivo principal de estarem ali juntos é o de passar o tempo e de se divertirem; ainda que possa haver uma nesga de necessidade de vitória de um ou outro participante, o sentido predominante é dos amigos estarem juntos para jogar pelo simples prazer de jogar. Dado o início do jogo, os ânimos são calmos e amenos, uns com os outros se apresentam condescendentes e amigos. Entretanto, à medida que o jogo vai se desenrolando e os jogadores vão cada vez mais se envolvendo ao movimento que eles mesmos iniciaram, cada jogada passa a ser revestida de uma atenção maior, de um cálculo e de uma tensão crescentes. Daí para frente, o que era um simples passatempo descompromissado vai se transformando em movimento estratégico de ataque e de defesa, de refinamento técnico e, em muitos casos, do uso artificial da malandragem e até mesmo da má-fé. O jogo assumiu novo sentido. Os ânimos se acirram, a tensão aumenta, a incerteza vigora e o que passa a predominar agora é uma luta simbólica entre vencer ou perder com inúmeras conseqüências entre os próprios participantes.

Uma primeira consideração a ser feita é que todo jogo tem de criar um espaço próprio, isto é, um espaço do jogo; pode ser um terreno baldio, uma rua, uma quadra, uma piscina, um tabuleiro, uma mesa. Todo jogo acontece em um espaço próprio. Um espaço físico, geometricamente demarcado pelos jogadores, onde nesta demarcação se possam fazer vigorar as possibilidades físicas e imediatas que tanto os jogadores quanto o próprio jogo suscitam. Assim, se a idéia é jogar um jogo de bolinhas de gude traçando no chão um triângulo, muito provavelmente o terreno escolhido não será nem uma ladeira nem uma rua plana de paralelos, muito menos um campo gramado, por questões óbvias. Provavelmente, o terreno escolhido será de terra batida, cimento liso, ou ainda, numa versão moderna, no tapete da sala de casa ou do apartamento. Da mesma forma que o triângulo que será desenhado e que demarcará as regras do estar dentro e do estar fora no jogo de bolinhas, não poderá ser um triângulo que exceda o tamanho compatível com o número de jogadores e com o número de bolinhas de gude, ou seja, nem muito pequeno, nem muito grande. Seguindo estas regras básicas, o espaço do jogo torna-se o espaço possível para que o jogo possa acontecer considerando as condições mínimas para o seu desenvolvimento.

Mas, se há a necessidade de criação e demarcação de um espaço físico e geométrico do jogo é porque, de maneira indissociável, todo espaço físico ocupado remete a sentidos simbólicos específicos.

Assim, o espaço onde acontece o jogo de bolinhas de gude, o jogo de cartas, o jogo de tabuleiro e todos os demais jogos possíveis, para que estes se instaurem enquanto espaços de e do jogo têm que ser significado como tal pelos jogadores. Ou seja, ao desenhar o triângulo, ao arrumar a mesa para o carteado, ao definir o espaço do jogo de tabuleiro, o que era mero espaço físico e com um sentido funcional e utilitário no plano do cotidiano passa a ser significado pelos jogadores como lugar mágico onde as emoções, a imaginação e a produção de desejos e dos sonhos serão acolhidas sem qualquer tipo de preconceito ou pudor. No espaço do jogo, o universo mágico do "faz-de-conta" permite a exposição por parte dos indivíduos de sentimentos e desejos profundos que não seriam facilmente demonstrados, externados, que não no espaço imaginário do jogo. Daí, o jogo, para aquele que joga, ser tão sério, pois absorvente e envolvente de tal maneira que provoca uma profunda exposição íntima do sujeito.

A linguagem que o espaço simbólico, isto é, o espaço de sentidos, o espaço de significação e de representação que o jogo suscita, inscreve os jogadores no espaço semântico. Cada gesto, cada olhar, cada movimento, cada pulsar de tensão e atenção absorve por completo o sujeito na tarefa que, naquele momento do jogo, pode ser muito cara para ele. Uma vez absorto e envolvido pelo jogo, o sujeito se encontra desnudado, totalmente entregue ao movimento de superar o outro e de se auto-superar, de experimentar a tensão entre o momento mais ou menos adequado para a jogada decisiva, ele constrói e imagina a sua jogada antes mesmo que ela se dê e probabiliza as suas possíveis conseqüências, joga o seu jogo e o jogo do "outro", ou seja, ele imagina que joga o jogo do outro, pois toda ação demandará inúmeras repercussões, algumas previsíveis e outras totalmente imprevisíveis. Diante desse mergulho, dessa "meditação" profunda, a singela bolinha de vidro, a desgastada carta do baralho ou o velho tabuleiro podem assumir sentidos de amor, de ódio, de justiça, de injustiça, de sorte, de azar, de competência, de incompetência, de alegria, de tristeza... Tais objetos, no contexto mágico do espaço físico e simbólico do jogo, transformam-se em representações de sentimentos puros e profundos, desejos encobertos que se desvelam, personalidades acanhadas que se manifestam em explosões de entusiasmo e que apontam para a seriedade do espaço construído e legitimado pelos jogadores. Por isso afirmo que há poucas coisas na vida que sejam tão sérias quanto o estado de jogo no qual os indivíduos se disponibilizam.

Daí não ser tão incomum observarmos no cotidiano das crianças, dos adolescentes, dos adultos e dos idosos discussões sérias emergirem em função de um jogo e, em alguns casos, chegando ao extremo da desavença. Da mesma forma acontece com aquele que é estranho ao espaço do jogo e que sem saber acaba, sem querer, apagando uma demarcação física de um jogo, derrubando um objeto que delimita o espaço ou aquele outro que intencionalmente, sob o argumento de "estar brincando", começa a provocar um companheiro que está jogando ou torcer de maneira estridente para que o erro aconteça com um dos colegas. Situações que do ponto de vista daquele que se encontra fora do contrato simbólico e emocional do jogo não poderá jamais compreender a reação tida pelos jogadores, pois desconhece os sentidos profundos que se encontram em jogo e que dizem respeito à vida de um dos jogadores.

Tal ignorância remete a esse indivíduo provocador a representar o espaço físico e os objetos contidos no espaço do jogo como sendo meros objetos e lugares sem vida, sem significado, de onde vem o choque das representações daqueles que estão dentro (do jogo) com aquele que está fora (do jogo). É como se o espaço do jogo enquanto espaço sagrado estivesse sendo profanado, desrespeitado, o que, por extensão, profana e desrespeita os próprios sujeitos. Mais a frente discutiremos também a repercussão desse traço do jogo à luz de suas conseqüências na formação do sujeito.

Assim, o espaço do jogo é antes de tudo um espaço de criação simbólica[5]. Um espaço de significado. A representação do lugar onde determinados sentimentos estão autorizados a vigorar sem causar qualquer constrangimento para os sujeitos envolvidos.

No que diz respeito ao tempo do jogo, este se encontra indissociável do espaço. Mas, por razões didáticas, tratamos de separá-los, somente por razões didáticas, pois não é possível pensar o tempo sem que este aconteça em um espaço, seja ele real ou imaginário. Da mesma forma não é possível pensar a vivência espacial fora de um tempo, isto é, de um transcorrer de vida. O tempo é o espaço vivido da mesma forma que o espaço é a experiência de estar em um tempo. E isto não é mero jogo de palavras, mas a concretude daquilo que por natureza é indivisível, porém, necessário que o separemos momentaneamente para melhor compreender a sua própria unidade.

---

5. Desenvolvo de maneira mais detalhada este argumento em RETONDAR, J.J.M. Jogo: diálogo do homem com o invisível. *Revista Motrivivência*, ano 9, n. 10, 1997, p. 214-224.

No caso do jogo, há um tempo físico imediato, o tempo do cronômetro, o tempo da aula de educação física, o tempo do recreio, o tempo do lazer, o tempo que leva para se fazer a quantidade de gols para que uma outra equipe entre no jogo, o tempo chuvoso, o tempo frio e o tempo quente que pode interferir numa ou noutra direção no início ou no andamento de um jogo, o tempo necessário para a conquista de um território ou de uma peça em um jogo de tabuleiro, enfim, o tempo visível e físico que justifica o início, o meio e o fim da partida.

Todo jogo possui um tempo para a sua realização. Ao considerarmos o aspecto do tempo físico, entendemos que este é um tempo externo ao próprio jogo, pois passível de ser medido e controlado por terceiros. Diferente do tempo do prazer, do tempo de fruição que o próprio jogo suscita.

Se há um tempo externo que ordena e orienta o jogo, há também um tempo interno com um poder igual ou superior ao tempo externo, que é o tempo do prazer, o tempo da alegria, o tempo da satisfação, o tempo da celebração que o jogador sente no decorrer do jogo e que pode cessar de uma hora para outra. Daí a liberdade no jogo, discutida anteriormente, do jogador abandonar o jogo quando este não lhe proporcionar mais prazer, alegria, satisfação.

O tempo do prazer, o tempo da alegria, o tempo da satisfação é um tempo subjetivo. Não é possível de ser medido por um observador externo ao jogo, podem até ser observadas algumas pistas que suscitam a identificação do esmorecimento do jogador ou dos jogadores diante de um jogo ou brincadeira, mas jamais quantificá-las e determiná-las. Pois, a qualquer momento, aquilo que foi observado como comportamento de esmorecimento pode, por uma razão qualquer, ser reativado como profunda motivação e sentimento de prazer por parte do jogador.

Mas é o tempo de prazer[6] e de fruição que está em jogo dentro do espaço do jogo. O prazer de estar realizando uma atividade que seja percebida como uma fonte de enriquecimento, de excitação e de evocação de sentimentos agradáveis é o que sustenta a duração do jogo pelo jogador, pois quando o jogo se torna entediante, massante e beira as raias da obrigação, já não há mais sentido em se continuar jogando e aí o jogador sai do jogo. Tal comportamento é muito comum de ser observado em crianças pequenas, de 2 a 5 anos aproximadamente. Quando elas percebem que não podem extrair prazer e bem-estar do jogo, elas simplesmente o abandonam e criam um outro rapidamente ou tão-somente param e vão fazer uma outra atividade.

O tempo do prazer no jogo se confunde com a experiência estética da fruição. O fruir significa viver com intensidade uma experiência impossível de ser descrita racionalmente, pois profundamente significativa e envolvente. É tão orgástica quanto o orgasmo. Só pode ser sentida, jamais descrita.

Este tempo do prazer e da fruição é que acaba por orientar e determinar o tempo do jogo. O jogo é bom quando oportuniza o prazer de se estar jogando, o que não signifi-

---

6. No texto de Jean-François Marie (Plaisir imaginaire et imaginaire du plaisir. *Revue Corps et Culture* – www.corpsetculture.revues.org/document 329.html – set./2005) sugere-se uma divisão das manifestações de prazer durante as aulas de Educação Física em: prazer corporal ou fisiológico, quando o corpo experimenta o toque, a massagem, o odor de perfumes, ou seja, o corpo experimenta sensivelmente o contato imediato com o objeto; o prazer imaginário que advém da relação prazerosa do encontro com os pares, com os amigos, com o grupo através do sentimento de pertencimento; o prazer envolvente ou psicoprazer, que demanda o auto-reconhecimento do indivíduo em superar um obstáculo, em conseguir dominar mais o seu corpo diante de uma tarefa que tinha dificuldades e, por último, o prazer semiológico, que é o fato do indivíduo conseguir comunicar, externar o prazer que sente diante de uma atividade aos seus e aí pode criar uma rede coletiva de contágio.

ca que necessariamente o prazer esteja relacionado à vitória ou ao sucesso momentâneo dentro do jogo. A derrota e o fracasso momentâneos podem produzir um profundo desprazer e insatisfação, como pode acontecer também que durante o jogo o jogador persista na busca desse prazer que o outro obteve e que ele, imaginariamente, admite ser capaz também de alcançar nesse contexto momentaneamente adverso para ele. Da mesma forma que se pode extrair prazer até mesmo em uma derrota dentro de um jogo. Há muitos casos em que uma equipe que está jogando com e contra a outra não é bem-sucedida, mas os jogadores entendem que fizeram boas jogadas, criaram algumas alternativas novas e ousadas e outros que também sentiram um imenso prazer em arriscar determinadas situações solitárias e foram bem-sucedidos.

De qualquer maneira, o tempo do jogo, enquanto fundado num tempo do prazer, significa que a duração de se estar em jogo está diretamente relacionada com aquilo que se pode extrair de maneira significativa e relevante do ato de jogar.

Por fim, a última característica formal do jogo apresentada por Huizinga é a evasão da vida real, que, em linhas gerais, é a manifestação lúdica do jogador se permitir adentrar o universo imaginário do jogo e momentaneamente viver o "faz-de-conta", de maneira intensa e total, a ponto de "esquecer", durante o tempo do jogo, todos os seus compromissos sociais.

A evasão da vida real é a abertura dentro do jogo do mundo imaterial, do mundo imaginário e ficcional que alimenta e justifica o jogo enquanto realidade humana e simbólica. Há uma suspensão momentânea da realidade na qual o indivíduo se permite ser aquilo que ele no cotidiano não é, que possivelmente gostaria de ser; ele fala e age de maneira diferente da forma que falaria e agiria se estivesse no mundo da vida. A abertura mágica proporcionada pelo jogo tende a potencializar a gratuidade e a espontaneidade, onde o indivíduo, ao se perceber liberto dos condicionantes sociais e culturais, tende a manifestar traços profundos de sua personalidade.

Daí, acreditar que o jogo é profundamente revelador da subjetividade humana, pois o indivíduo, não mais acossado pelas pressões sociais e pelos julgamentos morais, acaba revelando seus sentimentos e valores mais íntimos na medida em que, ao mesmo tempo que joga, ele também é jogado pelo próprio movimento que detonou, tamanha sua adesão emocional e sua plenitude na vivência de uma ação tão intensa e, ao mesmo tempo, tão rápida.

É muito comum ouvirmos de pessoas que acabaram de brincar-jogar um determinado jogo e que no decorrer deste vivenciaram algumas discussões, acusações e até ameaças, ao terminar o jogo se desculparem dizendo que aquilo tudo que aconteceu foi ato impensado, fruto do "calor" do jogo, "brincadeira" de mau gosto ou coisa do gênero, com intuito de justificar suas ações, afirmando que no jogo não se deve levar nada a sério. Mas eu diria justamente o contrário, é justamente no espaço do jogo que os sentimentos, os valores e as personalidades tendem com profundidade a se revelarem, pois, como já dissemos anteriormente, o indivíduo não se percebendo mais acossado pelo controle racional, pela vigília permanente do autocontrole, daquilo que se deve e que se pode falar, da forma mais correta e polida de se manifestar, da política do ter que muitas vezes "engolir sapos" para agradar terceiros e se beneficiar de alguma maneira de tal situação mais à frente, ele acaba se liberando e espontaneamente manifesta traços marcantes *do seu ser* e do *seu dever ser* que, no plano das relações sociais, dificilmente se manifestariam.

Diante disso, a evasão momentânea da realidade provocada pelo estado de jogo pode ser compreendida como fuga, isto é, como escape de uma realidade brutalizante, estressante, entediante e ameaçadora[7].

Mas, se o jogo é capaz de promover a fuga da realidade, é porque esta seja de fato muito cara para os indivíduos que vivem em seus grupos sociais, pois o jogo é uma realidade que podemos de fato observar presente em diversas culturas e em todas as sociedades humanas. Não é possível contar a história da humanidade sem falar em seus jogos e em seus diversos significados que foram sendo assumidos ao longo dos tempos. Somos capazes de identificar traços de uma sociedade humana através da identificação de sua cultura lúdica e do modo como os indivíduos se apropriam dela[8].

Na linguagem comum, a fuga da realidade que acontece no jogo é conhecida como "válvula de escape". É interessante dizer isto, porque é justamente este sentido que tende a predominar nas concepções de jogo quando se discute a sua importância pedagógica e terapêutica[9]. Ou seja,

---

7. Em minha dissertação de mestrado defendida na Universidade Gama Filho, em 1995, intitulada *Alguns sentidos do ato de jogar*, no capítulo que tratei de discutir o jogo como possibilidade conceitual, além de Huizinga, me aproprio de dois outros importantes autores, Carlo Groos e Jean Chateau, que, dentre outras coisas, discutem com propriedade esse importante papel do jogo que é a evasão da vida real. O primeiro entende a evasão como catarse, isto é, como descarga das tensões e excitações contidas em vias de liberação necessária dessa energia; o segundo, além de também considerar a evasão como catarse, mas não com o sentido tão psicológico do termo, admite também que a evasão da realidade pode assumir o sentido de projeto, ou seja, de um momento necessário em que o indivíduo necessita se afastar de sua realidade para poder percebê-la melhor.

8. Como citei anteriormente, a obra de Jean-Marie Lhôthe, *Histoire des jeux de société*, é um dos grandes inventários dos jogos de sociedade que temos disponível. Com belíssimas ilustrações em mais de mil páginas, o autor apresenta os registros mais antigos de jogos desde o seu significado sagrado até suas apropriações em diferentes culturas, assumindo novas formas e novos sentidos.

9. Ver ELKONIN, D.B. *Psicologia do jogo*. São Paulo: Martins Fontes, 1998.

como um mecanismo necessário ao indivíduo para que ele possa liberar seus sentimentos, tensões e angústias de maneira a não provocar nenhum prejuízo social, retornando aliviado, depurado, renovado para o mundo da vida, para o mundo da responsabilidade. E ainda que Huizinga não tenha nada de psicólogo em sua formação, pois filósofo e filólogo holandês, ele percebe esta necessidade dos indivíduos se relacionarem de maneira lúdica e ficcional com a vida como necessidade da própria sobrevivência da sociedade.

Além da perspectiva em se compreender a evasão da realidade como catarse, isto é, como mecanismo de alívio das tensões e pressões sofridas no cotidiano, o sentido de evasão também remete ao de projeto, que aponta para o afastar-se momentâneo da realidade para percebê-la sobre uma outra dimensão, sobre uma outra perspectiva de olhar. Tal qual o arquiteto que ao planejar uma casa a imagina em sua representação estando dentro e fora do terreno. Ao estar dentro da realidade onde será construída a casa ele dimensiona as proporções, o tamanho do terreno, os pontos de inclinação e curvatura, o lado onde o sol nasce e se põe, a textura do solo, a quantidade de terra que será movimentada. Mas, para concluir o projeto arquitetônico, ele tem que se afastar do terreno para poder perceber melhor a casa que irá desenhar, pois só de fora ele irá perceber a sua obra no contexto do bairro ou da rua, a relação de privacidade da casa diante do seu entorno, a amplitude de todo o movimento do sol considerando as posições dos cômodos, a percepção do melhor acesso e as possíveis influências da vegetação, do vento e do nível de barulho no momento de definir o projeto.

Assim, estar dentro e estar fora do terreno significa ampliar o olhar sobre a realidade na medida em que tal movimento possibilita ver sobre pontos de vista diferentes o que se irá construir. Por analogia, o indivíduo que se permite evadir-se da realidade no jogo, ao mesmo tempo que ele despende suas energias contidas, também experimenta essa sensação do estar contido e do estar liberado de suas tensões, o que de maneira sensível lhe possibilita se autoperceber melhor. Pois vejamos, se durante o jogo algumas pessoas se revelam de maneira muito diferente daquilo que são no mundo do cotidiano, tal manifestação, ao mesmo tempo que se apresenta como liberação de um modo de ser contido e que se liberta através da evasão da realidade. Por outro lado, tal liberação proporciona um distanciamento sensível daquilo que se é no jogo e daquilo que se gostaria de ser e não se é no jogo da vida. Daí acreditar que aquele que joga medita sensivelmente sobre si e sobre o mundo da vida. Após um jogo ou uma brincadeira, o indivíduo sempre se apresenta modificado, transformado. Algumas modificações passíveis de serem empiricamente identificadas e outras que não se apresentam visíveis aos nossos olhos, mas que podem estar criando uma grande revolução interna no sujeito, pois como já disse, jogar é sempre também se colocar em jogo diante de si e do mundo.

Com isso, podemos, à guisa de uma primeira síntese, compreender o jogo como uma atividade voluntária, sujeita a regras, que se desenvolve dentro de uma relação espacial e temporal definida, e que promove a evasão momentânea da realidade. Qualquer manifestação social que atenda necessariamente a estas quatro características formais pode ser considerada uma forma de jogo. Uma vez que falte uma dessas características, não poderemos considerá-la como jogo, mas antes, um exercício, um trabalho, uma imitação forçada.

Além das características formais, Huizinga elenca também algumas características informais do jogo, que são desdobramentos do movimento do jogar e que atendem pelo sentido do espírito lúdico, do espírito agonístico ou competitivo, da presença da tensão e da incerteza, da presença do acaso, da dimensão ritualística e de culto, e pela busca de algo imaterial. Entretanto, ao invés de discutirmos cada uma dessas características como fizemos no início, trataremos de apresentá-las de maneira ilustrativa a partir de uma proposta de classificação dos jogos feita pelo sociólogo Roger Caillois[10], a fim de tornar o texto mais exemplificado e convidativo.

---

10. CAILLOIS, R. *Os jogos e os homens:* a máscara e a vertigem. São Paulo: Brasiliense, 1990.

3

Os jogos de competição (*âgon*), os jogos de sorte (*alea*), os jogos de simulacro (*mimicry*) e os jogos de vertigem (*ilinx*)

3.1 Os jogos de competição ou *âgon*

Roger Caillois parte do pressuposto que da tensão entre a ludicidade e as regras, ou, entre a gratuidade e a necessidade dos limites, é possível se pensar as diferenças entre os jogos. É claro que tal proposta de classificação visa focar a predominância dos sentidos que o jogo pode assumir em função de sua natureza genérica. Portanto, não se busca aqui tecer uma classificação pormenorizada dos jogos considerando a sua forma, a sua natureza física e a presença ou não do uso de instrumentos que irão defini-los como sendo jogos de salão, jogos de corrida, jogos de obstáculos, jogos de campo, jogos de tabuleiro, jogos da natureza, jogos de aventura, jogos eletrônicos, jogos de sociedade, jogos dramáticos, jogos simbólicos, jogos populares, etc. Busca-se destacar os domínios predominantes de apropriações encontrados nos jogos de maneira geral, passíveis de serem objetos de reflexão.

Quando se fala sobre os jogos competitivos ou jogos de *âgon*, este termo grego remete ao sentido de luta e de embate entre as partes, quer se mostrar que o espírito competitivo, o espírito de disputa, o espírito de luta, o espírito de enfrentamento contra o oponente ou adversário, prima pela necessidade da igualdade de condições para que a vitória ou derrota de uma das partes seja reconhecida pelo "outro" de maneira incontestável.

Não se trata, portanto, do sentido da competição que circula em nossa sociedade de consumo e capitalista onde há uma ilusão de que as regras do "jogo" são iguais para todos, mas na realidade não se mostram as condições objetivas de vida dos competidores. O sentido da competição no jogo tem que expressar o desejo e o anseio dos próprios jogadores em querer fazer vigorar este espírito de luta, considerando o acordo também firmado entre as partes das condições objetivas que irão garantir igualdade das condições para que o jogo possa se dar dentro do princípio da alegria e da justiça.

A competição no jogo não é uma condição anterior a ele, como ocorre no caso do esporte que vive das vitórias e das conquistas para cada vez mais se afirmar. O espírito competitivo no jogo nasce no decorrer do movimento do jogado, nem antes, nem depois dele. São os ânimos dos jogadores, as suas motivações internas pelo aumento de prazer e de excitação que podem deflagrar a competição, o agonismo dentro de uma proposta inicial que poderia ter sido apenas de vivenciar um mero passatempo sem a necessidade da disputa. Mas, no caso do jogo, a competição se fundamenta como emergência do espírito agonístico face aos rumos que foram dados espontaneamente pelos próprios jogadores no decorrer do ato de jogar.

Nestes termos, a competição no jogo se apresenta como um lugar de disputa pelo reconhecimento por parte do "outro", este que momentaneamente foi o perdedor ou o derrotado, a reconhecer a destreza, a competência e o valor do vitorioso. Daí, quando a competição emerge dentro do jogo, há uma necessidade de que as regras sejam fixas, ou seja, que haja uma estabilidade da normatização do jogo para que aquele que foi vencido possa perseverar e tentar vencer numa nova partida. A repetição no jogo, o mais uma vez, quando da presença e da necessidade dos indivíduos em competirem entre si, só se justifica na medida em que há a presença da regularidade das regras para que a vitória ou derrota seja legitimada pelo esforço dos jogadores e não por um suposto beneficiamento de uma alteração nas regras do jogo que poderia favorecer mais uma parte do que a outra.

O espírito competitivo no jogo pressupõe a repetição com o intuito de aprimoramento da *performance*, da disciplina e da perseverança. E, nesse sentido, é que podemos nos referir ao jogo como sendo também um espaço de ritualização e de culto. Pois, uma vez garantidas as regras do jogo pelos jogadores e sua permanência a fim de testar e fazer rivalizar as partes, há toda uma codificação do comportamento por parte dos jogadores do como se deve jogar, das estratégias táticas de jogo, dos limites de ação determinados pelas regras do jogo, das possibilidades de ousadia e de criação, que, à medida que vai se repetindo, vai sendo internalizada pelos indivíduos como formas próprias de comportamento solicitadas para que se possa jogar bem e tirar proveito ao máximo do jogo. Daí não ser tão incomum os jogadores antes de uma disputa se benzerem, entrar no campo pisando com o pé direito, aquecendo a bola de vidro nas mãos e soprando-a, chacoalhar nas mãos os dados e evocando palavras “mágicas”. Movimentos que a cada novo jogo se repetem e constroem uma maneira própria do indivíduo se relacionar com o jogo e com isso se sentir de fato pertencente àquela prática em vias de celebrar momentos significativos de sua existência.

A competição no jogo remete à superação do adversário, que, diga-se de passagem, é antes de tudo reconhecido como um amigo que proporciona o momento mágico de juntos celebrarem o prazer de jogar, jamais alguém que por obrigação ou imposição externa ao próprio jogo tem de ser abatido a qualquer preço. Mas remete também à auto-superação, que é a superação de limites e obstáculos internos do próprio indivíduo. É quando o indivíduo se coloca à prova, quando quer avaliar se é capaz de superar aquilo que fez anteriormente com a intenção única de conhecer-se um pouco mais e de extrair prazer em suas proezas.

Os jogos competitivos lidam sempre com a presença marcante da tensão e da incerteza. Quanto mais equilibrada for a disputa, maior a tensão pelo embate e a incerteza do resultado. Essa tensão no jogo não significa um aprisionamento do indivíduo como ocorre no estado de medo, que impossibilita o sujeito a agir por conta de uma insegurança imaginária que toma conta dele e o imobiliza à ação, mas antes, é uma tensão que o remete à atenção redobrada. O indivíduo se coloca altamente ligado ao que vai fazer, mobilizado, aderido, concentrado na sua ação e na responsabilidade que ele mesmo se coloca para realizá-la com êxito. Da mesma forma que a incerteza, nesse caso, não aparece, como nós veremos nos jogos de sorte ou azar, como realidade absoluta, mas como resultado da representação por parte dos jogadores da eqüidade das forças, do equilíbrio do jogo, onde qualquer lance, qualquer descuido, qualquer movimento inusitado é capaz de definir o jogo. Aqui, o que tende a definir a grandiosidade do jogo como disputa lúdica é o detalhe, a jogada mágica, a ousadia, a criação, o inesperado.

O espírito competitivo nos jogos pode aparecer em qualquer tipo de jogo, seja no universo infantil, no mundo dos adolescentes, no mundo dos adultos ou mesmo no mundo dos idosos. Pois o agonismo enquanto exercício de luta e de disputa é uma forma de aprimoramento humano, de celebração da superação e da auto-superação, da elevação da estima dos indivíduos face o modo como se vêem e como são vistos pelo "outro", do exercício da vontade de poder[11] e da ligação simbólica do presente com os sonhos, com os desejos, com as utopias. O que não significa dizer que estou fazendo apologia à competição como realidade inata ou mesmo como bem supremo da sociedade, muito ao contrário, como disse anteriormente, o modo de produção capitalista se apropria da competição como forma ideológica de dizer que todos têm chances de conquistar um "lugar ao sol", de maneira hipócrita e mentirosa, pois a realidade social da maneira com que se encontra organizada e distribuída não admite indivíduos nas mesmas condições objetivas e agora acrescento, condições subjetivas para a disputa. A competição é estimulada e propalada na sociedade de consumo, mas somente de maneira ilusória os indivíduos se encontram em equilíbrio de forças para a disputa, pois somente uma minoria abastada domina em grande medida o "jogo", ou melhor, o exercício do poder, capaz de manipular o seu resultado quando se virem radicalmente ameaçados e, geralmente, se encontram sempre à frente na linha de largada durante a partida. O que, por outro lado, não significa desqualificar o espírito competitivo, muito menos negar sua existência no jogo, pois não é a competição que é boa ou ruim por natureza, mas sim o

---

11. A vontade de poder é uma noção que está intimamente ligada à definição de afeto ativo, presente na obra como um todo de Friedrich Nietzsche, mas que especificamente pincei em seu livro *Vontade de potência* (Rio de Janeiro: Livraria Globo, 1945) e que significa o sujeito se fazer como tal em cada ação pautada numa concepção de vida como possibilidade de acontecimento. A ação significa você agir com força para conquistar seus objetivos, suas metas e não se mostrar enfraquecido por qualquer julgamento moral anterior. A vontade de potência no jogo remete à atitude do vencer, do superar o outro ou a si mesmo dentro do interior do jogo; é a expressão daquele que enfrenta a luta, diferente do espectador da vida que sempre quer que um outro vença por ele, para se sentir moralmente acalentado pela vitória de seu cúmplice e para apaziguar moralmente a sua covardia em jogar o jogo.

modo como os indivíduos, organizados ou não, se apropriam dessa manifestação e fazem uso dela.

3.2 Os jogos de sorte ou *alea*

Alea em latim significa o nome de um determinado jogo de dados que se opõe por natureza aos jogos competitivos. Posto que se na competição o sujeito tem que se colocar frente ao desafio para superá-lo, nos jogos de sorte ou *alea*, o indivíduo tão-somente se apresenta como um espectador, pois nada pode fazer para interferir no resultado que será definido aleatoriamente pelo movimento dos dados, da roleta, dos ossos, do cair da moeda, do recebimento das cartas. Nos jogos competitivos, o adversário é real, físico, empiricamente apreendido, diferente do que ocorre nos jogos de sorte ou *alea*, onde o "adversário" é sempre imaginário.

Por conta da presença marcante do acaso como espírito predominante neste tipo de jogo, a relação entre tensão e incerteza é mais potencializada do que nos jogos competitivos. Pois, ainda que na competição haja a presença do caso, pois em todas as formas de jogo o acaso é um dos elementos presentes, este não se apresenta na sua forma bruta e absoluta quanto nos jogos de sorte. A tensão e a incerteza reinam de maneira premente nos jogos de *alea* na medida em que neste tipo de jogo não há processo de construção do jogado, não há desenvolvimento do jogo, somente produto, isto é, no mesmo momento em que o jogo se inicia, logo após ele termina definindo o perdedor ou o vencedor. Nos jogos de *alea* não existe um jogo bem jogado, um lance maravilhosamente construído, o prazer extraído do processo, o que há é a vitória ou a derrota de forma maniqueísta. É a vida posta na sua forma mais nua e brutal: ou se vive ou se morre nesse tipo de jogo.

Diante disso, os jogos de *alea* são aqueles em que os indivíduos, ao se perceberem muito mais passivos do que ativos, pois sua ação é somente a de dar partida no jogo, experimentam todo um enredamento no ato de jogar com rituais próprios que buscam imaginariamente evocar a sorte, os deuses e toda ajuda possível para que o "destino" que já foi lançado conspire a seu favor. Os indivíduos que jogam os jogos de *alea* são verdadeiros homens e mulheres de fé[12]. Quando ganham admitem explicitamente que a sorte estava a seu lado, que os deuses conspiraram a seu favor e que naquele dia estavam entendendo a fala do mistério "soprar" em seus ouvidos. E quando perdem, admitem que estavam com azar, mas em nenhum momento culpam os deuses ou a misteriosa voz que sopra em seus ouvidos de lhes ter informado o número errado, o "conselho" para não continuar a jogada. Ou seja, tanto na vitória quanto na derrota a relação do jogador com os gestos, com os sinais e com os rituais de evocação de comunicação dele com o misterioso está salvaguardada. Dessa feita, jamais serão os deuses que mentirão para ele, mas o próprio indivíduo, culpando-se por não ter sido capaz de compreender a linguagem misteriosa que soprava em seus ouvidos.

O papel do dinheiro nos jogos de *alea* é tanto mais valorizado quanto maior for no jogo a presença do acaso. Ou seja, em todo jogo de *alea* o acaso é presença determinante, entretanto, em um jogo de bingo que não deixa de ser jogo de sorte ou azar, há uma série de jogadas e chances imaginárias do indivíduo ganhar um prê-

12. A este respeito conferir meu livro *A produção imaginária de jogadores compulsivos* – a poética do espaço do jogo (São Paulo: Vetor, 2004), onde discuto o universo de sentidos construído pelos jogadores compulsivos para justificar seu vício e a trama mítico-simbólica que encontram enredados nos lugares de jogo, como, por exemplo, no ambiente e na ambiência das casas de bingo da cidade do Rio de Janeiro.

mio. Pode ser que o indivíduo não preencha a cartela inteira, mas fazendo uma linha ele é premiado, sem contar que até que surja o vencedor, o jogador possui um tempo considerável para alimentar sua esperança na vitória. Diferente do que ocorre, por exemplo, nos jogos de dados ou de roleta quando se aposta tudo em um único lance. É nesta situação que os jogadores ficam absolutamente em "pé de igualdade", pois todos se encontram literalmente à mercê do destino, aguardando o dado virar e a roleta parar para definir seus destinos.

A evasão lúdica da realidade nos jogos de *alea* é imediatamente potencializada logo que se inicia o jogo, já que a relação do indivíduo com o jogo é totalmente solitária. É ele na luta desesperada contra o destino cego, contra o acaso misterioso. O universo imaginário e ficcional nos jogos de sorte ou azar é elevado à máxima potência; nunca o tempo escoa com tanta rapidez quando se entra e se permanece jogando nas casas de jogos eletrônicos. Não é à toa que nas casas de bingo e jogos eletrônicos não é comum nem janela nem relógio nas paredes, justamente para que o jogador viva somente o tempo do prazer, do drama, da tensão e da incerteza, da excitação, da transpiração e da luta desenfreada e desesperada contra o acaso[13]. Durante os jogos de azar ou acaso o tempo escoa.

---

13. Dostoiévsky em *Um jogador* (Rio de janeiro: José Olympio, 1952) mostra ao leitor, nesta brilhante obra autobiográfica, como ele se tornou um jogador de roleta e a emoção decorrente do estado de jogar e de se colocar em jogo. Do ponto de vista moral, acaba criando um contra-argumento quando defende o jogador (no caso de jogos de sorte ou azar), como um cavalheiro, alguém que merece todo o respeito e admiração, pois diz que viver uma vida socialmente codificada, previsível e enfadonha é tarefa para os fracos e medíocres. A verdadeira vida manifesta-se no homem que ousa desafiá-la, luta contra as forças que desconhece, luta contra o acaso e é capaz de apostar todas suas fichas e ficar entre a vida e a morte, entre a vitória e a derrota. Tal procedimento é de uns poucos corajosos e aventureiros, que, segundo Dostoievsky, vêem no jogo a possibilidade de se libertarem da mediocridade.

Mas não esqueçamos, ainda, que tomamos como exemplo os jogos de bingo e os de roleta para melhor ilustrar a presença do acaso nessa classificação de jogos, cabe mais uma vez reforçar que em todos os jogos o acaso encontra-se presente, ainda que não levado às últimas conseqüências como ocorre nos jogos de *alea*, pois sem a presença do acaso não existe jogo. "Jogo" de carta marcada não é jogo, é exercício de poder. E isto fica claro quando observamos no universo das crianças a tiragem da sorte para saber quem inicia o jogo. Ou seja, jogar com a sorte significa se colocar frente a uma realidade que é neutra e que justamente irá decidir a favor de um e necessariamente contra o outro. Ou ainda, quando durante uma disputa competitiva, em função da desigualdade de forças, a equipe tida como favorita tende a acreditar que o jogo já está ganho antes mesmo de ser jogado. E aí, lembro de um amigo meu quando dizia antes dos jogos que jogávamos juntos, "o jogo é jogado e o lambari é pescado", ou seja, a probabilidade do jogo pode favorecer mais uma equipe do que a outra, mas probabilidade não significa vitória ou sucesso, tão-somente algo possível de acontecer e que ainda não aconteceu.

3.3 Os jogos de simulacro ou *mimicry*

O simulacro ou a *mimicry* é a encarnação de um personagem fictício, baseado na necessidade do jogador de fazer crer a si próprio e aos outros. O jogador procura representar um papel que traduza de maneira a mais fiel possível a realidade representada. O indivíduo necessita adentrar a esfera do imaginário através da evasão da vida real cuja predominância se traduza mais para a idéia de projeto do que de catarse, ou seja, o indivíduo, ao mesmo tempo, tem que estar fora e estar dentro do personagem representado para que possa, durante esse movimento de ir e vir, se fazer cada vez mais crente daquilo que está representando. Estar fora significa saber que ele está jogando com um personagem ou papel e que tecnicamente é possível se aproximar dele, e estar dentro significa buscar dentro de si mesmo os sentimentos, os traços pessoais particulares que possam melhor representar o universo do representado. Neste caso, representar um papel é, antes de tudo, assumir imaginariamente o lugar do outro a partir de si mesmo. Aponta para a idéia de que um papel bem representado significa que o jogador ou brincante consegue internalizar com clareza as regras de comportamento e da natureza que gravitam em torno do "objeto" representado. Representar é conhecer para além da aparência a realidade representada.

Os jogos de simulacro ou *mimicry* são motivados pela presença marcante do espírito lúdico, isto é, do movimento gratuito e espontâneo cuja finalidade última é se auto-satisfazer. O que se busca ao acionar o espírito lúdico é a satisfação de uma realidade imaterial, como os desejos, os sonhos, a alegria, o prazer, o transe.

Na emergência do espírito lúdico no interior dos jogos de simulacro, a gratuidade é o que impulsiona os indivíduos a brincarem-jogarem com as representações que produzem. A mímica e o disfarce aparecem nos jogos de imitação de mãe, de pai, de família, de soldado, de índio, de herói, de heroína, etc. Da mesma forma, naquela criança que abre os braços dizendo ser um avião, ou ainda, aquela outra que guia um volante imaginário de um carro, como aquela que empunha um pedaço de madeira e diz ser o príncipe que matou o dragão. É o que Huizinga denominou de consciência do faz-de-conta e que numa versão adulta, se apresenta através de dinâmicas de grupo onde há trocas de papéis sociais ou a representação de animais e de personagens que mais se alinham à própria personalidade.

Essa representação do faz-de-conta remete o indivíduo a se manter numa lógica dúbia e de permanente trânsito, pois, vejamos, uma criança que está representando ser um cachorro irá ficar de quatro apoios e sairá latindo pela casa, se, por acaso, alguém lhe interrompe e pede um beijo ou abraço, possivelmente a criança poderá responder que cachorros não beijam. Assim, ainda que ela esteja representando o cachorro de maneira o mais fiel possível, ela no fundo sabe que não é um cachorro e que não pode se passar por um verdadeiro cachorro. O cachorro representado é a melhor aproximação possível do cachorro real, portanto, a representação é real e imaginária ao mesmo tempo. Pois, durante a representação o jogador-brincante é e não é cachorro, é e não é gente com pleno controle desse movimento lúdico de entrar e sair de cena.

Os jogos de simulacro estão fortemente presentes na época do carnaval, quando as pessoas invertem papéis sociais e sexuais através da dissimulação, do uso das máscaras e de toda sorte de representação corporal. O carnaval é uma suspensão momentânea da realidade onde há a permissividade para a emergência do espírito lúdico sem culpa. Os indivíduos que procuram dissimular o sujeito social que são no cotidiano, tendem a fazer emergir através da "máscara" o verdadeiro sujeito que se esconde através de seus personagens[14]. Mas isto não significa dizer que o indivíduo, ao representar um determinado papel, esteja necessária e mecanicamente traduzindo aquilo que ele gostaria

---

14. O psiquiatra norte-americano J.L. Moreno, criador do teatro terapêutico ou psicodrama, acredita que através da catarse representativa os indivíduos irão conseguir descobrir os papéis sociais que se encontram ao entorno e na sua vida e como ele se relaciona com eles. Através do jogo de simulacro de se colocar no lugar do outro e de incorporar diferentes papéis, o sujeito se distancia de si e passa a melhor compreender valores, preconceitos, crenças que podem lhe ajudar a melhor interagir com o mundo e potencializar o conhecimento de si mesmo. Sugiro a leitura do livro *Psicodrama*. São Paulo: Cultrix, 1997.

de ser e não é na realidade, pois, se assim fosse, não seria jogo, mas apenas tradução disfarçada da realidade. Pode ser que nesse jogo representativo haja ou não traços daquilo que lhe falta na realidade e aí ele apela para o jogo do imaginário, mas como possibilidade e não como verdade absoluta e irremediável. Ainda que de maneira predominante, o jogo tende mais a revelar do que a encobrir.

Assim como o espírito lúdico, o espírito agonístico também pode se encontrar presente nos jogos de simulacro e de *mimicry*, quando, por exemplo, nas competições de corridas de bicicleta, nos jogos de xadrez, nas danças regionais, nas lutas... Jogos que constituem formas específicas de se vestir, ritos próprios para o início das competições... uma verdadeira liturgia que envolve o jogo. Um cerimonial competitivo que pressupõe regras rígidas e hierarquizadas, fazendo do espetáculo competitivo uma manifestação também dramática, de culto solene e de celebração de figuras míticas como o herói, como o guerreiro, como o habilidoso, como o persistente, como o belo.

O papel do jogador nos jogos de simulacro ou *mimicry* é fascinar o espectador de tal forma que ele, em nenhum momento, perceba que a realidade representada não é a verdadeira realidade. A presença das regras nesse jogos é de grande flexibilidade e vai se construindo através da relação entre o jogador e a "platéia". À medida que o jogador começa a perceber que o "outro" está sendo convencido de sua representação, ele mantém a sua linha de comportamento, enquanto, da mesma forma que quando ele perceber que não está sendo suficientemente convincente, procura alternativas inusitadas, não previstas, através de novos comportamentos corporais, novas regras de conduta e de interação com esse "outro". Imaginem o movimento da dançarina que está representando um cisne na peça *Lago dos cisnes*, tanto mais ela irá brilhar quanto ela além do virtuosismo técnico da dança em si ela conseguir "confundir" a platéia de que ela é verdadeiramente um cisne sem sê-lo[15].

3.4 Os jogos de vertigem ou *ilinx*

O termo *ilinx* em grego significa "turbilhão das águas"[16], que na mesma língua designa vertigem. Tais jogos buscam extrair prazer da vertigem, do mal-estar, do pânico momentâneo em busca da desordenação da ordem, em busca da tontura que provoca náusea, enfim, movimento que visa provocar o transe, a distorção da realidade de forma abrupta e intensa. Nos jogos infantis identificamos esses jogos quando as crianças brincam de girar em torno do seu próprio eixo do corpo e, depois que param, saem andando cambaleando e totalmente tontas; nas praças públicas é muito comum a presença dos balanços, das gangorras e de um brinquedo em forma de círculo em que a criança senta e ao impulsioná-lo este realiza o movimento de rotação onde, quase sempre, a brincadeira é girá-lo o mais rápido que se puder. Já no universo do adolescente e do adulto temos nos parques infantis e temáticos as montanhas-russas, o elevador que desce em uma enorme velocidade sustentado por freios, um brinquedo que se chama "kamikaze" com o formato de um pêndulo, onde as pessoas entram e sentam no interior do pêndulo e ele vai se movimentando para o alto até atingir totalmente a verticalidade e as pessoas que lá estão ficam de cabeça para baixo em uma altura de aproximadamente 20 metros do solo. Da mesma forma, pode-

---

15. Sobre o tema da relação entre dança e arte e, por extensão da dança como representação de algo que transcende o virtuosismo técnico, conferir o brilhante livro de Paul Valéry: *A alma e a dança*. São Paulo: Imago, 1996.

16. Conferir em CAILLOIS, R. *Os jogos e os homens*: a máscara e a vertigem. São Paulo: Brasiliense, 1990.

mos identificar os jogos de vertigens no universo dos ditos jogos de aventura, como o pára-quedismo, as escaladas, o rapel, as descidas de bote inflável nas corredeiras, etc.

Os jogos de vertigem provocam uma sensação de desfalecimento, de temor e, ao mesmo tempo, de profunda excitação. O corpo fica todo mobilizado e contraído, a atenção fica redobrada e a maior tarefa é sustentar o desconforto em vias de extrair dele prazer e satisfação. Contraditoriamente, é o perigo iminente, o medo que a atividade provoca que impele os indivíduos que optam por esses jogos e brincadeiras a buscarem cada vez mais tais sensações num nível cada vez maior de sofisticação, onde se produza uma náusea cada vez mais intensa[17]. Os rituais xamanísticos e as incorporações nas religiões afro-brasileiras, em um determinado momento, não deixam de ser a busca, através da evasão da vida real e do enauseamento vertiginoso, um jogo de *ilinx* que culmina com o transe[18].

No que diz respeito ao papel das regras nos jogos de vertigem, estas possuem grande relevância na medida em

---

17. No livro *Esporte, jogo e imaginário social* (FERREIRA, N.T. & COSTA, V.L.M. (orgs.). Rio de Janeiro: Shape, 2003) destaco três capítulos do livro que vale a pena consultar para aprofundar um pouco mais a questão que envolve o prazer, o risco e a vertigem: "Jogo: ponto de encontro entre deuses e homens (RETONDAR, J.J.M.), "Esporte de aventura e risco no mar: o caso de uma navegadora oceânica" (ABDALAD, L.S.) e "Aventura e risco na natureza: um mergulho na publicidade do ecoturismo esportivo" (COSTA, V.L.M.).

18. A este respeito há um artigo exemplar do antropólogo Levy-Strauss, intitulado "A eficácia do simbólico", que consta em seu livro *Antropologia estrutural* (Rio de Janeiro: Tempo Brasileiro, 1989), que mostra, através do papel simbólico do xamã, o poder de cura e de eficácia de seus diversos rituais, incorporações e transe que faz ver as mulheres que estão com os fetos atravessados no útero, o espírito maligno que incorporou nelas e que será expulso por ele. Ainda que Levy-Strauss em nenhum momento do texto use a palavra jogo, podemos ver com muita nitidez a presença dos jogos de simulacro e de vertigem em todo o processo ritual de expulsão por parte do xamã dos espíritos malignos que, de fato, ocorre.

que protegem e garantem uma dada segurança para que a vertigem e o perigo aconteçam com o mínimo de risco real possível. O espírito lúdico tende a se manifestar arrastando os indivíduos para a emoção pura. O movimento do jogar-brincar literalmente não visa outra coisa que não a auto-satisfação do jogador brincante[19]. O acaso é "esquecido" através do sentimento do risco calculado, da confiança no brinquedo e na ousadia e coragem do indivíduo se deixar levar pela profunda excitação e descontrole que tais jogos provocam.

Nos jogos de vertigem ou *ilinx* a excitação e a tensão vão acontecendo num ritmo crescente. Há nesses jogos uma necessidade de ascendência do mais singelo ao mais agudo movimento até se atingir o êxtase. Tais jogos podem ser também considerados como verdadeiros ritos de iniciação e de passagem de um mundo a outro.

---

19. Na mitologia grega, Dioniso é considerado, dentre outras coisas, como o deus do transe, das metamorfoses e da errância. Não é a toa que a uva que produz o vinho e que pode embriagar, enausear e descoordenar os movimentos corporais é a fruta que representa esse deus grego libertino, espontâneo, irresponsável e gratuito. Além do texto de Junito Brandão: *Mitologia grega* (5. ed. Petrópolis: Vozes, 1992), sugiro, para maior aprofundamento, o livro de Carl Kerényi: *Dioniso*: imagem arquetípica da vida indestrutível. São Paulo: Odysseus, 2002.

4

A educação pelo jogo

No primeiro momento do livro, tratamos de demarcar a noção de jogo através de suas características formais e informais (apenas pontuadas) na perspectiva de Huizinga; logo em seguida, apresentamos também uma proposta de classificação dos jogos em Roger Caillois.

Tanto Huizinga quanto Caillois serviram de referências iniciais para que pudéssemos apresentar para o leitor uma demarcação razoável do que é o jogo e de algumas de suas classificações possíveis. Optamos por esses dois autores porque compartilhamos, naquilo que foi destacado de seus textos, suas idéias e perspectivas. Ainda que haja outros pontos que não foram apresentados nessas obras, os quais nos causam algumas dúvidas e até mesmo discordâncias interpretativas, o que não afeta, tanto o que foi elaborado até então quanto o reconhecimento da relevância dos trabalhos de Huizinga e Caillois como grandes referências para todos aqueles que buscam discutir o jogo com rigor e propriedade.

Dito isso, proponho-me neste novo momento refletir sobre a importância do jogo na formação dos sujeitos. Ou seja, se no primeiro momento a perspectiva do jogo foi discutida dentro do escopo epistemológico, isto é, conceitual do jogo, agora proponho discuti-lo sob a perspectiva ética e estética, isto é, apontar alguns pontos significativos do jogo como meio de formação moral e como experiência do belo para a vida. Para tal, irei pontuando uma a uma as características formais e informais do jogo já apresentadas, bem como citar a especificidade dos jogos de competição, dos jogos de sorte, dos jogos de simulacro e dos jogos de vertigem, visando compreender as possíveis conseqüências de uma intervenção profissional que tenha no jogo um meio e um fim em si mesmo.

Faço questão de frisar que ao me propor discutir o jogo enquanto possível conhecimento e/ou método para a intervenção profissional, ratifico o que disse de outra maneira na introdução deste livro de que este se dirige a todos os profissionais que possam ver relevância no jogo para tal. Ainda que o professor de educação física e o pedagogo possam estar mais próximos do tema jogo, o mesmo ocorre com os psicólogos que trabalham com ludoterapia ou psicodrama, os psicanalistas, os antropólogos, os sociólogos e os economistas. Da mesma forma, este livro se dirige aos pais e a todos aqueles que querem melhor compreender este fenômeno humano e social universal que é o jogo. Este tema é um tema da vida e não propriedade desta ou daquela disciplina, deste ou daquele conhecimento, de uma ou outra pessoa.

4.1 A voluntariedade

Não há nada mais caro na vida do que a autonomia. A liberdade de escolha, a decisão de caminhar nesta, noutra ou em nenhuma direção é o que justifica para o indivíduo ser sujeito de sua história de vida. No jogo, a voluntariedade é um elemento presente e fundamental. Não há jogo sem vontade de jogar ou vontade de continuar jogando. A voluntariedade remete ao princípio de autonomia e coloca o sujeito como responsável por suas decisões e atos.

No jogo a criança experimenta, desde tenra idade, os sentimentos de escolha em função de suas necessidades mais prementes. A afinidade da criança com este ou aquele brinquedo, a sua disponibilidade em se relacionar mais com esta ou aquela pessoa e suas tendências em se sentir mais confortável nesse ou naquele ambiente, dão início à configuração de sua personalidade. O mundo da criança vai se construindo sempre na tríade entre o mundo dela, o mundo do outro e o mundo dos objetos através de pequenas decisões, pequenas escolhas, pequenas opções que se farão presentes até sua morte.

Ao se oportunizar aos indivíduos vivenciarem o jogo com a preocupação de não censurá-los quando alguns deles não mais entusiasmados abandonam o jogo, ou mesmo quando alguns não querem iniciá-lo porque se sentem inseguros ou porque não querem jogar, seja por que motivo for. Essas manifestações indicam a tensão e a incerteza presentes nos jogos de maneira geral e que têm que ser resolvidas pelos indivíduos que se encontram diretamente envolvidos com ele. Não é nada fácil iniciar uma atividade motivado e depois ir aos poucos se desmotivando em função do decorrer de um processo que se apresenta mais desprazeroso do que prazeroso, mais entediante do que motivante, mais estressante do que interessante e ter que tomar uma decisão diante de si e muitas vezes diante dos outros.

Não há decisão fácil. Toda decisão envolve perdas e ganhos, portanto, a experiência de se viver uma vida que aponte para as decisões que tendam mais a favor do que contra o próprio indivíduo é algo que parece banal e até certo ponto óbvio, mas, quando percebemos pessoas adultas no cotidiano vivendo verdadeiros dramas existenciais porque não sabem qual decisão tomar, outros com crises severas por não ter coragem de decidir, ou ainda, aqueles que sofrem verdadeiro calvário até que alguém tome a decisão que ele gostaria de ter tomado e não tomou, dentre outros tantos, acabamos percebendo que a coragem, a ousadia, a elevação da estima, a firmeza e a segurança se aprende e se constrói. E, durante o jogo, uma vez orientado para tal, este pode ser uma realidade fecunda no que diz respeito a ajudar os indivíduos a serem senhores de si.

Existem jogos e papéis sociais que jogamos por conveniência moral, política, social e até religiosa. O problema não é jogar ou deixar de jogar certos jogos, o problema é não termos a coragem de parar ou mesmo de não iniciarmos determinados jogos, tornando-se um desconforto existencial.

A voluntariedade no jogo nos ensina que o espírito da alegria do lúdico é o que deve imperar contra qualquer tipo de obrigação ou imposição externa ao próprio jogo. Pois senão não é jogo, é trabalho. E ainda que tenhamos que viver uma vida pautada na tensão permanente entre prazer e desprazer, real e imaginário, ideal e possível, a capacidade de escolha é um dos maiores bens que o sujeito não pode descartar, delegar a terceiros ou mesmo minimizá-la. E, nesse sentido, não posso deixar de apontar o filósofo Nietzsche[20] como aquele que entendo ser um dos filósofos mais radicalmente otimista que conheço. Pois este autor, através de sua vasta e rica obra, cobra constantemente do homem que ele não abra mão de sua sensibilidade, de sua intuição, de sua força na direção da apreensão da vida como acontecimento.

Não é possível ganhar um jogo sem jogar, não é possível extrair prazer e beleza do jogo distante dele. A decisão, o ato voluntário enquanto opção pela vontade de potência, isto é, pela aquisição e aperfeiçoamento da força, da eleva-

---

20. Cito artigo que escrevi, intitulado: "A vontade de poder no jogo" (*Revista Ação e Movimento*, mai.-jun./2004, p. 112-124. Rio de Janeiro: Atlântica), onde me apóio em três obras de Friedrich Nietzsche, a saber: *Genealogia da moral*, *A origem da tragédia* e *Vontade de potência*.

ção humana, enquanto fundamento de uma ação destituída de qualquer julgamento moral e balizada pela necessidade de expansão do humano, elimina todo ressentimento, dúvida, medo e repercussão moral daquilo que foi realizado, pois fruto da ação enquanto movimento que apreende a vida na sua inteireza apaixonada e apaixonante.

A vontade é uma das características que nos diferencia dos animais. O animal irracional está encarcerado por suas necessidades orgânicas, instintivas e fisiológicas. Ele não age, mas reage quando está diante do perigo, reage quando está com fome, reage quando está cansado. O animal já traz consigo a programação genética do ataque e da defesa, do exercício de pular e de se imobilizar independentemente de uma vontade, pois trata-se de reações instintivas, mecânicas face à estimulação externa que as determina. Já o Homem não, a sua necessidade é para a liberdade, para a expansão e para a ampliação dos sentidos que ele vai estabelecendo em suas ações. Ele ataca e se defende por inúmeros motivos, da mesma forma que pode até optar em voluntariamente ir ao encontro da morte por motivos religiosos e familiares. Ou seja, é a capacidade de significar o mundo e de decidir qual ou quais os sentidos que irão orientar sua vida é que faz dele um ser de relações e diferente por natureza do animal irracional.

Só o homem joga, porque somente ele é capaz de voluntariamente atribuir, aderir e negar sentidos que enredam o jogo e o ato de jogar. A autonomia em dizer não é um traço importante para a liberdade humana se fixar dentro de uma existência[21]. A voluntariedade enquanto exercício para a capacidade de dizer não para o jogo quando este

---

21. Jean-Paul Sartre, em sua trilogia para a liberdade, *Sursis*, *A idade da razão* e *Com a morte na alma*, respectivamente editados em 1981, 1983 e 1994 (São Paulo: Nova Fronteira), discute de maneira romanceada os fundamentos do existencialismo através de personagens que vivem a tensão entre ser e não ser livres.

passa a se tornar entediante e massante não deixa de ser uma oportunidade para se vivenciar a importância das tomadas de decisões que a vida, o tempo todo, estará cobrando aos indivíduos.

4.2 As regras

É muito comum alguns profissionais e mesmo pessoas simples do cotidiano defenderem a importância do jogo ou brincadeira pelo fato de estes serem capazes de impor limites. De fato, como já vimos, não é possível pensar o jogo sem a presença de regras. Todo jogo possui regras e estas são obrigatórias de serem cumpridas e respeitadas pelo jogador ou pelos jogadores. Mas não podemos também esquecer que as regras do jogo se tornam imperativas pelo fato do/ou dos jogadores decidirem por elas, isto é, são eles que elegem o modo de se jogar considerando suas possibilidades físicas, geográficas e materiais. Daí as regras se tornarem obrigatórias. Mas tal obrigatoriedade não é uma imposição externa, antes é fruto do contrato estabelecido com o próprio jogo para que este possa acontecer de maneira positiva.

As regras no jogo podem ser modificadas tantas vezes os jogadores acharem necessário. Até porque, a validade e a importância das regras só se dará no momento em que elas forem testadas, vividas pelos jogadores. Pode ser que se inicie um jogo e que se estabeleçam algumas regras que todos julgam interessantes para que o jogo se desenvolva com clareza e fluidez e, no desenrolar do jogo, os mesmos jogadores acabem percebendo que tais regras formuladas por eles não deram certo e aí podem e devem revê-las, considerando o intuito maior de salvaguardar a beleza do jogo. E isto não tem absolutamente nada a ver com comportamentos volúveis e instáveis, ao contrário, tal flexibilidade se dá justamente visando a uma certa estabilidade do jogo através de suas regras, só que estas são representadas pelos jogadores como meio que lhes possibilita melhor se relacionarem entre si e com o próprio jogo e não como realidade imutável e inflexível onde teriam a qualquer preço que se adaptarem a elas.

Nesses termos, as regras do jogo podem ser vistas como uma rica possibilidade de criação e recriação por parte dos jogadores de seu universo lúdico. Diante de problemas concretamente postos durante o jogo ou muda-se a forma de se jogar, ou muda-se de jogo. Cabe ao interventor provocar situações-problema no decorrer dos jogos ou brincadeiras a fim de aguçar a percepção dos jogadores ou brincantes para a capacidade de enfrentarem e resolverem tais problema através do redimensionamento das regras. O jogo pode e deve ser apreendido como uma possibilidade de se exercitar também a capacidade crítica e reflexiva de se pensar a realidade e de se propor possíveis mudanças para ela. Como as mudanças são sempre possíveis e nunca ideais, pois atendem necessidades e sentidos que podem ao longo do curso serem substituídas por outras necessidades e outros sentidos, as mudanças de rumo, novos ajustes, incorporações e supressões das regras se apresentam como importante mecanismo de atendimento às necessidades do próprio jogo e, conseqüentemente, dos jogadores.

Uma vez que as regras do jogo ou da brincadeira são firmadas, os jogadores ou brincantes passam a dimensionar as formas de se jogar, suas emoções, suas capacidades criativas e reflexivas a partir do universo legitimamente demarcado. O autocontrole, tão necessário e fundador da civilização[22], se instaura para permitir uma convivência possível entre diferentes indivíduos que aceitam conviver e

---

22. Em relação a este tema destaco a importante obra do sociólogo Norbert Elias: *O processo civilizador* (Rio de Janeiro: Zahar, 1990).

partilhar juntos suas diferenças numa mesma realidade sem a possibilidade de vigorar a barbárie.

Nesse sentido, o jogo assume o papel de disciplinador dos comportamentos. Mas temos que ter muita clareza que a disciplina proposta pelo jogo está fundada no solo da autoridade e não do autoritarismo[23], ou seja, a autoridade pressupõe o acordo e o consentimento do grupo da importância de se internalizar determinados comportamentos e regras pelo fato de reconhecerem a relevância destes para si e para a vida coletiva. Trata-se de uma aceitação consciente do dever ser e não de uma aceitação passiva fundada no medo e na submissão, como ocorre nos processos autoritários.

O autoritarismo, enquanto uso da força opressora e controladora do real, não cria indivíduos conscientes do ser e do dever ser, isto é, do sentimento da importância das regras e dos comportamentos para a própria vida em grupo. Ao contrário, o autoritarismo constrói, através do medo e da ameaça constante, a idéia de que as regras do jogo e dos comportamentos sempre foram e sempre serão assim e quem não as cumprir criteriosamente será severamente punido ou banido do jogo. Geralmente, o poder autoritário está sempre centrado nas mãos de alguns em detrimento de muitos, visando justificar e garantir a própria perpetuação do poder e das benesses que este confere a seu legislador.

Do ponto de vista político, podemos dizer que o jogo, por intermédio das possíveis intervenções e mediações de seus orientadores, pode ajudar a construir as diferenças conceituais e práticas entre um sistema autoritário e fechado do democrático e aberto. Aprender a conviver de-

---

23. A este respeito, Hanna Arendt, em seu livro *Entre o passado e o futuro* (São Paulo: Perspectiva, 1997), discute com primor a relação entre autoridade e autoritarismo como ação política dentro do universo educacional.

mocraticamente ouvindo, falando, aceitando, discordando e respeitando a decisão coletiva em nome do coletivo e em detrimento dos posicionamentos individuais é uma outra apropriação que se pode e que se deve ter do jogo, com inúmeras conseqüências reflexivas e práticas, extensivas à vida como um todo.

O sentimento de justiça e de injustiça enquanto valores morais máximos em uma sociedade são apreendidos pelos indivíduos desde a tenra idade em diferentes lugares e situações de vida. No jogo, a presença e a relação dos indivíduos em relação aos sentidos que as regras podem assumir para eles ajudam a construir de maneira embrionária a percepção moral[24] sobre o sentimento de justiça e injustiça social que irá orientar suas condutas para o resto de suas vidas.

De maneira esquemática, segundo Piaget[25], a consciência dos indivíduos da importância das regras do jogo enquanto realidade mediadora das subjetividades e facilitadora para que o jogo possa se desenvolver de maneira satisfatória para todos se dá a partir de três etapas, a saber: a anomia, a heteronomia e a autonomia.

A anomia no jogo é a dificuldade das crianças entre aproximadamente 5 a 6 a nos de idade seguirem as regras coletivas dos jogos e das brincadeiras, pois as regras que elas verdadeiramente seguem são aquelas que literalmente as satisfaçam integralmente. Qualquer desprazer, insatisfação ou mesmo necessidade de persistência não é aceito

---

24. Conferir a brilhante obra de Jean Piaget: *O julgamento moral na criança* (3. ed. São Paulo: Summus, 1994), onde ele mostra a construção do sujeito moral através da relação das crianças com as regras do jogo, a coação do adulto e o realismo moral, o sentido da cooperação e o desenvolvimento da noção de justiça.

25. Ibid.

neste universo onde o prazer individual é o que orienta a ação dessas crianças.

Na fase de heteronomia, que compreende crianças de 7 a aproximadamente 10 anos de idade, elas já despertam o interesse em participar coletivamente de atividades regradas. Mas sua compreensão das regras não é a de uma realidade necessária e construída pelo contrato entre os jogadores para garantir a existência do próprio jogo, mas o compreende como algo sagrado, imutável e determinado pela força da tradição, onde cabe a elas somente obedecer de maneira cega e irrestrita. Nesta fase, as crianças não assimilaram ainda o sentido da existência das regras, elas acolhem-nas de maneira absoluta e determinável. Seu papel diante do jogo é somente cumprir as regras.

Somente na terceira fase do desenvolvimento moral, na etapa da autonomia, é que a criança perceberá a consciência da importância das regras no jogo e para sua própria vida. A fase da autonomia pressupõe crianças entre 11, 12 anos que vai até a percepção adulta das regras no jogo. Mas não podemos deixar de mencionar que a consciência da evolução das regras nos jogos não se dá somente por uma apreensão racional da criança, mas, antes de tudo, por sua relação afetiva com elas.

Na anomia, o prazer é que baliza as regras de comportamento inviabilizando o jogo coletivo. Na heteronomia, é o medo que faz com que as regras coletivas sejam rigorosamente cumpridas. Na autonomia pressupõe-se que seja o amor às regras que venha a promover a consciência do dever. Pois não basta apenas sabermos intelectualmente identificar o que é justo e o que não é justo, é preciso que queiramos, que desejemos fazer com que a justiça aconteça.

Neste contexto, caberá ao interventor ir aos poucos mostrando para as crianças pequenas que o prazer individual também pode ser adquirido, nem que seja em breves momentos, através de uma proposta coletiva de brincadeira, de jogo, desde, é claro, que esteja coordenada com o interesse majoritário do grupo. Com isso, vai-se estabelecendo o convívio coletivo, impulsionado pelo prazer de se estar em grupo, balizado por regras mínimas de comportamentos. Para as crianças na fase da heteronomia, faz-se importante introduzir elementos problematizadores no jogo, digo, dificuldades reais de se jogar, para que elas comecem a vislumbrar algumas outras possibilidades para o jogo, e aí, necessariamente, estarão construindo adaptações e novas regras. Por fim, na fase de autonomia, deve-se potencializar as inúmeras possibilidades de se jogar, para que as crianças possam, por um lado, experimentar ludicamente a capacidade de criar, de inventar e, por outro lado, a cada criação uma nova construção das regras de se jogar. Com isso, penso que estaremos educando para a vida, não como adaptação ao que já está posto, mas a vida enquanto possibilidade de construção, como novidade, como inventividade e como realidade que se encontra passível de transformação sob o signo da justiça distributiva e eqüitativa.

A cooperação no jogo é um importante fundamento a ser valorizado e evocado pelo interventor. Mesmo no jogo competitivo, onde a disputa predomina, se pensarmos do ponto de vista das equipes, não havendo cooperação, solidariedade e espírito de grupo, dificilmente se consegue a vitória. Não é possível considerar equipe vencedora aquela que faz apologia ao individualismo e ao egocentrismo. Até porque tanto a vitória quanto a derrota é de responsabilidade de todos. Cada um dentro de seu papel e dentro de suas possibilidades de contribuição para o coletivo. Na emergência e na provocação do sentimento de cooperação, ser diferente significa ser normal, isto é, não significa ser superior ou inferior a ninguém, apenas diferente.

Cooperação e solidariedade são comportamentos que podem ser evidenciados no espaço do jogo. Valores que se aprende dentro e fora da escola. Valores que, uma vez internalizados e amados, pois aderidos emocionalmente pelos jogadores, tendem a se transformarem em um possível guia de orientação para a vida das pessoas no mundo da vida.

A força da tradição dos jogos também tem que ser objeto de maiores comentários aqui, pois pode parecer ao leigo que estou defendendo que as regras do jogo têm de ser construídas e reconstruídas, isto é, reinventadas a partir da provocação de situações-problema que levem os indivíduos ao enfrentamento das dificuldades e que, por conseqüência, os remeterá a se apropriarem do jogo numa outra forma e sentido. Isto, entretanto, não significa abandonar ou mesmo negar a importância da tradição, da regularidade e da estabilidade dos jogos enquanto bem cultural da humanidade, representantes de etnias, de comunidades, de regiões e de países.

A tradição da forma de ser de muitos jogos é o que lhes confere identidade e valor histórico-cultural. Mas, por outro lado, isto não inviabiliza a sua apropriação por parte dos jogadores de criarem formas novas de se relacionarem com ele. Não há uma descaracterização do jogo na medida em que a base de sua tradição é sempre o ponto de saída e de chegada, ou seja, se reinvento a forma de se jogar futebol, de pique pegador e de bolinha de gude, posso, ao mesmo tempo, estar criando um novo jogo e não necessariamente destruindo o jogo original. Ou ainda, posso manter o jogo original com variações aceitáveis para aquele momento específico que foi acordado com os jogadores. Como também posso enfatizar a importância de respeitarmos a tradição do jogo e mostrar para os jogadores como aquele jogo se tornou ao longo da história o que é hoje, sua importância cultural e social e suas possíveis modificações que foram acontecendo ao longo dos tempos e, ainda que pequenas, foram objeto de apropriação e de transformação ao longo da história. Com isso, mostra-se que a tradição, ao contrário do que comumente se pensa, não é a cristalização de modos de ser atemporais. Suas apropriações ao longo das gerações podem ser quase imperceptíveis, mas um olhar atento e rigoroso será capaz de mostrar seu dinamismo histórico e cultural[26].

Não podemos esquecer que o jogo é uma construção humana, portanto, sujeito a inúmeros sentidos. E o modo como os indivíduos se apropriam dos jogos tem a ver também com o universo cultural e social no qual se encontram inseridos. Quem joga ou brinca não é um "ET", mas um sujeito social, culturalmente situado em uma determinada linha do tempo histórico. Se o jogador possui durante a brincadeira uma relativa autonomia em criar e recriar através da evasão da realidade, tal evasão momentânea não o transforma em um bicho ou coisa do gênero, ao contrário, tende a potencializar a sua intimidade e seu universo imaginário. O João e a Maria que brincam-jogam não deixam de ser o que são, apenas ampliam alguns aspectos e limitam outros durante o jogo, sem se desenraizarem da sua história de vida, de sua cultura e de seu lugar social na hierarquia da sociedade.

4.3 A relação espácio-temporal

Uma outra característica marcante de todo jogo é que ele para existir precisa se desenvolver em uma relação es-

---

26. No livro de Tizuko Morchida Kischimoto, *Jogos tradicionais infantis* (Petrópolis: Vozes, 1993), é mostrada com muita clareza a origem de alguns jogos populares infantis e suas influências étnicas e culturais desde a época do engenho de açúcar, passando pelas brincadeiras indígenas, até os dias atuais. Ficando claro que desde sua origem até hoje a força da história e dos sentidos que a cultura brasileira foi adquirindo interferiram significativamente tanto nos sentidos quanto nas formas de jogos como o pique pegador, os jogos com bola e outros.

pácio-temporal definida. Vimos que o espaço do jogo é, ao mesmo tempo, uma necessidade física de demarcação de um lugar e ao mesmo tempo de significação desse lugar como um espaço de sentidos profundos, onde as emoções, as tensões, os desejos, as crenças e toda produção imaginária dos indivíduos encontram-se acolhidos para se manifestarem sem qualquer tipo de censura ou julgamento moral. No espaço do jogo, os jogadores podem ser herói, bandido, polícia, ladrão, gato, cachorro, homem, mulher, Super-homem, Mulher maravilha, etc.

Penso que a demarcação do espaço no jogo, do ponto de vista físico, começa a ensinar para os jogadores-brincantes que não é possível jogar em um local que não atenda às necessidades mínimas do próprio jogo. Se tenho um enorme campo de futebol e quero reunir um grupo de crianças para brincar-jogar de pique e, se eu não demarcar esse espaço de jogo dentro do grande espaço que é o campo, corre-se o risco da brincadeira não acontecer por conta da dispersão do grupo em função de um espaço que facilita a dispersão ao invés da reunião. Poderei iniciar a atividade e minutos depois algumas crianças poderão estar tão longe uma das outras que inviabiliza até mesmo o ato de identificação delas entre si, que dirá atravessar todo um campo para tocar ou fugir do toque.

A compreensão do espaço de jogo ensina aos jogadores, através da predominância do campo visual, o que podem e o que não podem realizar, antes mesmo de se iniciar o jogo. É claro que não é possível prever tudo, mas, ao observar o tamanho de um terreno baldio, de uma quadra, de um campo, de um tabuleiro, de um rio, os jogadores já vislumbram as possibilidades e limitações de suas ações nesse espaço. Portanto, há uma projeção, uma antecipação dos possíveis sucessos e insucessos, prazeres e desprazeres que o espaço físico sinaliza para os jogadores-brincantes. E se utilizei o campo visual como referência primeira da percepção espacial, isto, por outro lado, não exclui todos os outros sentidos, apenas tende a indicar que uma forma que não pode ser percebida tatilmente em função de seu tamanho ou proporção pode facilmente ser apreendida pela visão.

O espaço físico do jogo suscita o aguçamento da percepção visual em vias de possíveis antecipações e ajustes do ponto de vista de todos os demais sentidos. Ao olhar para o espaço do jogo, o jogador se imagina dentro dele realizando jogadas. E tal antecipação é fundamental para informar, do ponto de vista da abstração, o modo como o próprio indivíduo deverá se relacionar nesse espaço em específico. Isto sinaliza para o fato de que cada espaço físico, ainda que podendo ser semelhante a um outro, é, por natureza, sempre diferente e demanda sempre novas possibilidades de interação. Daí não ser tão incomum nas brincadeiras e jogos os participante terem a preferência de jogar mais nesse e não no outro campo, de jogar bolinhas de gude mais no terreno liso do que no acidentado e vice-versa. Isto não se trata de superstição, ainda que possa também remeter a tal, mas acredito que seja predominante à própria percepção do espaço do jogador em função de suas experiências anteriores em espaços semelhantes e seu nível de sucesso e de auto-realização obtidos nesses.

A vivência do espaço do jogo, além de aguçar a percepção visual e os demais sentidos, incita o indivíduo à capacidade de abstração e de antecipação de possíveis acontecimentos. Não significa dizer que tudo irá acontecer conforme o imaginado em função do que foi visto. Não é nada disso. Não se trata de "bola de cristal" ou de uma percepção mecânica e causal com a realidade. Mas sabemos que a capacidade de abstrair, de raciocinar, de prever e de probabilizar, além de ser uma importante operação matemática, é também um movimento de percepção do futuro em função do presente. Forma de percepção necessária para as tomadas de decisões diante de investimentos, de projeções econômicas, dos sonhos, das utopias e de projetos diversos de vida. A compreensão das condições objetivas de vida, a internalização por parte dos indivíduos daquilo que eles podem e não podem realizar dentro do espaço que se encontram circunscritos, uma vez orientado pelo interventor nessa direção, pode ajudá-los a ir em frente, superar as adversidades e melhor se prepararem para enfrentar as condições reais presentes e possíveis de acontecerem dentro desse espaço.

Daí acreditar que o espaço do jogo pode ser objeto de intervenção quando se altera o espaço inicial do jogo, quando se introduz novas dimensões, novos materiais, novas dificuldades. Pois cada espaço estará também informando aos indivíduos os procedimentos mínimos de como se relacionar nele. O espaço, nesse caso, não é algo inerte e sem vida; ele significa, ele informa, ele induz, ele facilita isto ou aquilo, ele possibilita ou impossibilita. À medida que as brincadeiras e jogos vão sendo dimensionados de maneiras diferentes, as percepções serão solicitadas, a atenção será redobrada, a concentração e abstração serão ampliadas. A expressão "cada macaco no seu galho" indica com clareza a rigidez da hierarquia social que se crê inalterada. Acredito, por outro lado, ser possível possibilitar a experiência de muitos macacos em alguns galhos, dois, três ou mais macacos em um único somente, outros macacos em galhos finos, em galhos grossos, explorando toda uma árvore, toda uma floresta, para que a percepção do real se amplie e não se contente com o fixo, com aquilo que, por estar determinado por um "poder superior", inviabiliza novas experiências, novas possibilidades dos indivíduos se perceberem em diferentes espaços.

Todo espaço físico é um espaço de sentidos quando apropriado pelos humanos. Se o espaço do jogo é fundamental por garantir uma identidade do próprio jogo e, conseqüentemente, capaz de informar para os indivíduos os procedimentos mínimos que terão que ter, bem como os cuidados e as possibilidades de projeção, de superação e de auto-superação dentro dessa realidade. Tal funcionalidade do espaço do jogo é apropriada simbolicamente passando a significar não mais como um espaço informativo[27], mas como um território, um lugar de produção de sentidos. O espaço do jogo é também um espaço simbólico[28].

De maneira simples e sem ser simplificador, o símbolo é um recurso indireto de linguagem que os humanos possuem para atribuir sentidos ao mundo e às suas ações, aos fatos, aos acontecimentos e às experiências que não poderiam ser significadas em sua totalidade através da razão de maneira direta. O símbolo é por natureza ambivalente. Dependendo de seu contexto e de sua apropriação pode significar mais um ou outro sentido numa ou noutra direção. Assim, o vermelho que remete ao sangue, ao perigo, à atenção do sinal de trânsito, do hospital e da placa de "pare" é o mesmo vermelho que pode remeter ao *glamour*, às paixões e ao luxo, presentes nos tapetes dos grandes palácios, no enrubescer do rosto diante de uma forte emoção e nos vestidos de noite e nos mantos dos reis.

---

27. A este respeito ver BAUDRILLARD, J. *O sistema dos objetos*. São Paulo: Perspectiva, 1993.

28. Ernst Cassirer, em seu *Ensaio sobre o homem* (São Paulo: Martins Fontes, 1994), define o símbolo como definidor do homem. Só o homem é capaz de se relacionar com o mundo atribuindo sentidos que vão além da funcionalidade e da necessidade orgânica e mecânica com esse mundo. O homem é um animal simbólico e necessita se relacionar com os mistérios da vida para ser capaz de dar um sentido ao caos que seria viver em sua subjetividade plena.

É por isso que, quando amamos alguém e procuramos externar este amor através, por exemplo, do presentear de uma rosa, esta, ao ser recebida, já não é simplesmente uma flor como outra qualquer, mas passa a representar para quem deu e para quem a recebe um conjunto de sentimentos e afetos que denominamos de amor ou paixão. A rosa tenta expressar e se aproximar o máximo possível de um turbilhão de emoções que jamais seria possível ser traduzido através das palavras ou de qualquer conceito. Quando as palavras não bastam é comum aos humanos se apropriarem de objetos, de gestos e de outras manifestações para poder dizer aquilo que só pode ser dito de maneira indireta e representativa[29].

No espaço do jogo, compreendido enquanto lugar da produção de sentidos que o ato de jogar remete e evoca, sentimentos diversos circulam em seu interior, como coragem e covardia, amizade e inimizade, solidariedade e egoísmo, justiça e injustiça, condescendência e arrogância, autoridade e autoritarismo, cooperação e individualismo, força e fraqueza, alta estima e baixa estima, extroversão e introversão, criatividade e repetição, respeito e desrespeito às regras do jogo, etc. Fiz questão de citar alguns sentimentos e valores morais na forma de pares de opostos para dizer que todos os sentimentos e sentidos atribuídos durante o ato de jogar podem ser modificados e alternados em um jogo permanente de ir e vir. Caberá ao interventor identificar quais desses sentimentos e valores tendem a predominar em determinadas circunstâncias e problematizar, junto com o grupo, a razão de ser e de se manifestar desses sentimentos e valores em vias de refor-

---

29. Vale a pena dar uma conferida no livro de Gilbert Durand: *A imaginação simbólica* (São Paulo: Cultrix, 1988), onde ele apresenta de maneira muito bem fundamentada as diferenças entre signo e símbolo enquanto sinais indicativos e representativos do mundo.

çar ou ajudar a desconstruir pressupostos visando a formação de um perfil de sujeito mais autônomo, crítico, reflexivo, atuante, cooperativo e solidário.

Tal problematização a que me refiro pode se dar em duas vias. Uma, quando o interventor, diante da exacerbação de um comportamento que ele julga não-aceitável, pára o jogo no momento em que acontece a situação e põe-se a refletir junto com o indivíduo que procedeu daquela maneira e com o grupo, a fim de melhor compreender o sentido do seu gesto e situá-lo dentro do contexto coletivo como algo que possa de fato ter contribuído ou não para o engrandecimento de todos. Entretanto, não se trata aqui de colocar ninguém na berlinda, até porque nem todas as pessoas possuem estrutura emocional para isso. Cabe ao interventor ter a devida sensibilidade para não expor desnecessariamente o jogador-brincante, muito menos desgastar a sua imagem de autoridade diante dos seus. O que me refiro é que não se pode, por outro lado, "fingir que não se vê" determinadas humilhações, comportamentos agressivos, dentre outros, entre os jogadores e pensar que isso é "natural" do jogo. Não. Não há nada de geneticamente determinado em relação ao modo como os indivíduos devem interagir com os outros. A interação social é uma construção que se dá através da aprendizagem. Aprende-se a ser justo ou a ser injusto, a ser solidário e a não ser solidário. O interventor que procura um argumento de suposta "neutralidade" diante das situações citadas acima, além de não se colocar neutro na situação, pois permite que o negativo prevaleça ao encobrir tais comportamentos, ele acaba reforçando-os. Daí advém a idéia de muitas pessoas que é natural xingar, humilhar, ser agressivo, vencer a qualquer preço, pois, diante da repetitiva permissividade e da falta de intervenção diante de determinados comportamentos, esses tornam-se "naturais", isto é, se repetem com freqüência e acabam se universalizando como se fossem verdades absolutas.

O espaço do jogo é um espaço de luta simbólica entre a vida e a morte[30]. Luta para se afirmar, luta para melhor conseguir jogar, luta para melhor representar o jogo, luta para se superar dentro do jogo ou superar o adversário, luta para conseguir se manter no jogo e extrair dele toda beleza que ele pode oferecer, luta contra o acaso. A morte no jogo é o insucesso, o fracasso, o desprazer, a derrota, o não-reconhecimento de seus pares, a presença do indeterminado sobrepujando a técnica e a tática de se jogar. Daí o espaço do jogo ser muito sério para quem joga, pois ao se permitir entrar em jogo o jogador passa a fazer vigorar sentimentos profundos de sua história de vida e de sentimentos e valores que estão na origem da própria história da humanidade[31].

Quando observamos crianças ou pessoas de maneira geral jogando um determinado jogo, podemos perceber nelas o seu comprometimento com a melhor forma de se jogar. Parece que estão realizando algo profundamente sério, tamanha a doação e compenetração naquilo que estão fazendo. Pois de fato estão realizando algo sério. Diria, algo profundamente sério, pois é muito sério se permitir realizar uma atividade que tende a desnudar o indivíduo para si e perante os outros; que expõe de maneira visceral traços profundos da personalidade do sujeito[32]; que é ca-

---

30. Conferir a definição do verbete jogo no *Dicionário dos Símbolos*, de CHEVALIER, J. & GHEERBRANT, A. (São Paulo, José Olympio, 1998).

31. Conferir GODOY. C. *Os jogos olímpicos na Grécia Antiga*. São Paulo: Nova Alexandria, 1996.

32. A esse respeito sugiro um dos trabalhos inaugurais na psicologia sobre a relação entre jogo e personalidade, escrito pelo psicólogo português Carlo Groos: *O brincar como fator psicológico* (Lisboa: Argo, 1941).

paz de mobilizar sentimentos e valores profundos que se manifestam de maneira gratuita e espontânea e que dificilmente se manifestariam no plano do cotidiano; que põe à prova o indivíduo diante de suas paixões e de seus ímpetos e a necessidade de se autocontrolar para poder se relacionar com os limites impostos pelo jogo e que deverão ser cumpridos; experimentar um lugar onde terá que tomar decisões rápidas, negociar com "outro", lugar onde se persegue o prazer, a alegria, a satisfação e a felicidade, como o contrário também pode ser verdadeiro; a autopermissão de viver momentos intensos por demais que podem até levar o indivíduo ao êxtase de felicidade. Diante disso, talvez possamos entender por que o jogo é tão sério para quem joga e quão deve ser respeitado o espaço do jogo como estando muito próximo, por sua significação, ao espaço sagrado[33].

No espaço do jogo os indivíduos revelam em grande medida o que são e o que gostariam de ser e não são no plano cotidiano. Da mesma forma que apontam suas fragilidades e suas forças em perspectivar, em ousar, em criar e em sonhar. Como diz Walter Benjamin: "No jogo vive-se cem vidas em uma só"[34]. Ao entrar no jogo, o brincante-jogador nunca sai incólume. Ainda que de maneira singela e quase que imperceptível, muita coisa muda no intervalo entre o entrar e o sair do jogo.

Da mesma forma que o espaço, a nosso ver, pode ser interpretado sobre as duas perspectivas já discutidas, acreditamos que com a dimensão do tempo acontece a mesma coisa. Ou seja, o tempo do jogo é, ao mesmo tempo, uma realidade física medida por instrumentos externos, como

---

33. Recentemente, publiquei artigo intitulado "Jogo e teatro – A arte das representações na trama significativa entre o sagrado e o profano (*Revista Impulso*, vol. 16, n. 39, jan.-abr./2005, p. 37-52. Piracicaba).

34. BENJAMIN, W. *Charles Baudelaire*: um lírico no auge do capitalismo. 3. ed. São Paulo: Brasiliense, 1994.

o relógio e o cronômetro e, por outro lado, um tempo interno medido pelo prazer e pela fruição apreendidos pelos próprios jogadores. O sinal que o jogo não está sendo mais motivante é o esmorecimento e a baixa de interesse por parte dos jogadores em se manterem continuando a jogar. Na ausência física de uma campainha ou sirene, os jogadores, uma vez desmotivados a jogar, simplesmente saem do jogo, terminam com ele.

O tempo físico enquanto tempo externo, tempo artificial e alheio ao jogo, geralmente se apresenta como contraditório ao tempo de fruição que o ato de jogar implica. Ter um tempo preestabelecido para jogar ou brincar, como ocorre, por exemplo, durante o recreio escolar, só pode ser medido pela sirene que toca forte nos ouvidos dos brincantes-jogadores despertando-os do universo imaginário no qual se encontram mergulhados. Pois de outra maneira seria muito difícil que os escolares conseguissem calcular o tempo físico em relação ao tempo do jogo, pois o tempo de jogo é medido de maneira subjetiva através do prazer, da alegria, da satisfação e do nível de excitação que está provocando.

Conseguimos, ao realizar uma tarefa funcional ou utilitária, ter uma aproximação temporal daquilo que estamos ou vamos realizar com o tempo físico que temos para realizá-la. Assim acontece com aulas dos professores que sabem que têm entre 50 a 60 minutos para apresentar um determinado conteúdo e conseguem fazê-lo de maneira satisfatória dentro do tempo previsto. Quando um mestre-de-obras calcula um orçamento de retificação de uma parede ou cômodo em sua casa, ele calcula o valor de seu trabalho em função do tempo que levará para realizar o serviço, o que geralmente coincide com o tempo previsto por ele. A consciência do tempo externo disciplina o ritmo das ações humanas em função de sua necessidade de organização e de produção. Daí que tanto o professor quanto o mestre-de-obras não precisam necessariamente ficar controlando o tempo através do relógio para identificarem o momento em que têm que concluir suas tarefas.

Considerando a particularidade do jogo enquanto movimento embalado pela gratuidade e espontaneidade, diferente do movimento funcional e utilitário do trabalho, o ritmo das ações no jogo se desenvolvem pela intensidade da excitação e do nível de evasão da realidade no qual os jogadores se encontram mergulhados. Daí a impossibilidade do ritmo externo ser calculado, ser previsto e dimensionado por aqueles que se permitem realizar uma atividade que no fim das contas não possui nenhuma relação com o tempo físico.

Mas, de qualquer maneira, aquele que joga e brinca não possui somente o compromisso com o jogo e com a brincadeira, até porque essas atividades acontecem dentro de um intervalo de tempo diante das obrigações e responsabilidades cotidianas. Mesmo a criança na tenra idade, à medida que vai internalizando um ritmo de vida, tempo das refeições, tempo do descanso, tempo do passeio, tempo das brincadeiras, mais tarde, tempo do colégio, tempo de fazer dever, tempo de estudar, tempo de se reunir com os amigos, tempo do lazer, aprende a organizar a vida dentro da trama temporal peculiar à vida cotidiana. Portanto, ainda que saibamos que o tempo estipulado para a brincadeira e para o jogo, enquanto intervalo da vida para a alegria, para o lúdico e para a fruição não pode ser medido externamente, os indivíduos, ao saberem que deverão usar aquele determinado espaço de tempo para extrair dele prazer e alegria, buscarão dimensionar a emergência da evasão da vida real dentro de um ritmo mais acelerado no jogo, considerando o "soar" da campainha. A este respeito, lembro muito bem quando criança que eu e meus colegas da escola ficávamos ansiosos quando o horário do sinal do recreio estava prestes a tocar, pois no intervalo de 20 minutos tínhamos que resolver o problema de ir ao banheiro, comer a merenda e brincarmos de pique, polícia e ladrão. E o que acontecia de fato é que, quando faltava 10 a 15 minutos para soar a campainha do recreio, nós dávamos um jeito durante a aula de dividirmos as equipes que seriam os policiais e os ladrões, a fim de ganharmos o maior tempo possível para aproveitarmos a brincadeira, não preciso nem falar para onde é que ia a vontade de ir ao banheiro e de lanchar...

Para o interventor que irá trabalhar com o jogo ou mesmo para os pais e pessoas comuns que acreditam na importância do jogo e da brincadeira como componente fundamental na formação integral do ser humano, de vez em quando, alternar o tempo físico das brincadeiras e jogos é algo que pode ajudar os brincantes-jogadores a procurarem, dentro da experiência do possível, extrair o máximo que podem dentro das condições objetivas temporais determinadas externamente. Ou seja, significa ensinar a aproveitar com qualidade os tempos possíveis que se tem com a finalidade de torná-los tempos qualitativos. Ainda que o tempo físico não caminhe necessariamente com o tempo do prazer e da fruição do jogo, os indivíduos, ao saberem que têm um limite externo demarcado para usufruírem desse espaço através do jogo, irão, uma vez motivados para tal, construir caminhos e alternativas para extrair o melhor que podem de si e do próprio jogo.

Mas o verdadeiro tempo do jogo é o tempo da criação, é o tempo do mergulho na fantasia, do faz-de-conta, o tempo do viver a imaterialidade da vida. Neste universo temporal, o ritmo que cadencia os movimentos dos sujeitos no jogo é embalado por piques diferenciados de excitação, ora muito acelerado, ora pouco acelerado e ora cadenciado, mas jamais repetitivo do início ao fim do jogo. Muito diferente do mecanismo cadenciado e previsível dos ponteiros mecânicos de um relógio. Daí o tempo do jogo ter muito pouco a ver ou quase nada a ver com o tempo cronometrado fria e mecanicamente de um artefato que não possui vida.

No tempo do jogo a alternância rítmica e de intensidade varia conforme a emoção, a tensão, a incerteza, o desejo de realizar, o medo de ser pego, a ânsia de querer pegar, a cautela do próximo passo que só pode ser "medido" pela qualidade, isto é, pelos sentidos com que o jogo vai sendo representado pelos jogadores. Um minuto, hora relógio, para uma equipe que está prestes a ser vencedora em um importante torneio e que está sendo freneticamente atacada por seu adversário equivale a uma eternidade. Da mesma forma que, quando uma brincadeira se torna desmotivante, dizem os jogadores: "o tempo não passa". Acontece da mesma maneira com os artistas quando se encontram absortos e evadidos da realidade durante o processo de criação; onde o tempo intuitivo e o tempo da expressividade vigoram, este só pode ser "medido" pelo tempo da conclusão da obra, nem antes, nem depois dele. Daí que muitos artistas quando da criação entram, muitas vezes, em total reclusão em relação aos ritmos da vida cotidiana. Pois, da mesma forma que no jogo, a busca da excitação, o chamado da intuição e o momento de profunda evasão da realidade só podem ser experimentados dentro do próprio processo, jamais antecipado ou predeterminado que irá acontecer naquela ou em outra hora.

O tempo do jogo e da brincadeira é o tempo da experiência estética[35]. A propósito, o jogo é uma das formas de manifestação de beleza, principalmente por estar fundamentado na dimensão lúdica da existência. A ludicidade é um dos fundamentos da estética. O lúdico prima pelo movimento livre e liberado de todo julgamento moral. Trata-se de um movimento que nasce e morre nele mesmo, cuja finalidade última é auto-satisfazer-se. Sua finalidade radica em não ter finalidade prática, isto é, não se realiza

---

35. A esse respeito, creio que a obra de Friedrich Schiller: *A educação estética do homem numa série de cartas* (São Paulo: Iluminuras, 1990), é leitura obrigatória para maior aprofundamento e esclarecimento.

pela necessidade externa de ter que produzir isto ou aquilo. Realiza-se para celebrar a vida como acontecimento misterioso e inusitado, embalado pela gratuidade do riso frouxo e da criação ilimitada da alma humana. O impulso lúdico, no dizer de Schiller[36], é o impulso capaz de conciliar o impulso sensível (nossas determinações emocionais e físicas) com o impulso inteligível (nossas determinações racionais e de controle da realidade), sem produzir qualquer tirania ou sobredeterminação de um em relação ao outro.

Quando se vive o tempo de jogo, vive-se o tempo da experiência indizível, profundamente arrebatadora e por demais complexa e misteriosa para ser traduzida através da linguagem verbal. A experiência de ser embalado pelo jogo, advinda do mergulho do jogador pela esfera imaginária, ficcional e criadora, pode levá-lo ao êxtase da experiência numinosa[37]. E o numinoso é uma categoria muito utilizada pelos historiadores e pesquisadores das religiões para designar uma experiência profunda que é mais extensiva do que a do sagrado. Pois a experiência do sagrado é profunda, mas se articula dentro de um corolário moral próprio a cada religião. Já o numinoso é a experiência de profundidade e de encontro do indivíduo consigo mesmo através do êxtase, da alegria e da experiência incomensurável, destituído de qualquer estrutura e organização moral para se manifestar. Portanto, a experiência numinosa se manifesta no interior das religiões, nas artes, nos jogos, nas singularidades da vida.

---

36. Ibid.

37. Conferir um artigo recente sobre este tema e que acabou sendo referência bibliográfica no último Concurso Público Municipal para Professores de Educação Física, na cidade de Petrópolis, intitulado "A dimensão sagrada do jogo e da festa – O corpo na trama misteriosa do numinoso. In: LOVISARO, M. & NEVES, L.C. (orgs.). *Futebol e sociedade*: um olhar transdisciplinar. Rio de Janeiro: Eduerj, 2005, p. 105-115.

Nesse sentido, educar o sujeito através do jogo considerando-o como manifestação de um tempo estético, significa criar as condições objetivas (espaço e tempo físico dilatado e o mais livre possível), para que os sujeitos possam gozar da experiência lúdica como uma experiência de prazer e de felicidade. Nesse caso, significa oportunizar que o jogo aconteça pelo simples fato de que este é uma necessidade espiritual imperiosa dos humanos em se relacionar com a vida de maneira bela. E se o belo, metaforicamente falando, é aquilo que brilha mais, temos o compromisso de permitir que os indivíduos possam assumir e vivenciar as intensidades da luz que emanam durante o livre jogo.

O trabalho, o compromisso com as necessidades orgânicas e os diversos compromissos sociais e culturais não podem prescindir da experiência estética. Necessitamos tanto da materialidade do mundo quanto da imaterialidade de nossos sonhos, dos nossos desejos, de nossas crenças, das utopias que perseguimos, dos mitos que nos orientam e dos símbolos que nos projetam. Um indivíduo sem sonhos, sem crenças, sem desejos, sem ligação simbólica com a vida está condenado a definhar até a morte, e isto não é exagero de linguagem ou metáfora, trata-se de fatos que acontecem no cotidiano e que historicamente já ocorreram[38] em contextos históricos precisos.

Acredito que a grande tarefa dos interventores profissionais e das pessoas comuns diante do jogo, considerando essa sua dimensão de experiência estética, é permitir que

---

38. No livro do antropólogo Roque de Barros Laraia (*Cultura*: um conceito antropológico. Rio de Janeiro: Zahar, 1998) o autor denomina de *banzo* a morte de milhares de negros que ao chegarem ao Brasil pelos porões dos navios, arrancados de sua cultura, destituídos de sua origem religiosa e moral, transformados em "chicos" e concebidos como coisa, não suportaram o peso desse desenraizamento simbólico e cultural e foram definhados até morrerem por causas desconhecidas. Denominou-se *banzo* a morte voluntária causada pela melancolia.

aconteça, evitando qualquer tipo de cobrança performática dos jogadores, de um tempo externo fixo e irremediável em sua duração e evitando ao máximo qualquer tipo de julgamento moral. Ou seja, faz-se necessário que se perceba a riqueza do jogo como um tempo fundamental para a alegria, para a descontração, para a capacidade de imaginar e de sonhar. Um tempo onde seja possível jogar pelo simples prazer de jogar. Onde a inventividade, a capacidade de criar, de recriar e os diversos sentidos do ato de jogar ou brincar emerjam como necessidade fundamental de expressão por parte dos próprios jogadores ou brincantes. Jogar é meditar sensivelmente.

4.4 A evasão da vida real

Como última característica formal do jogo que iremos discutir, a evasão da realidade assim como as possíveis interpretações que sugerimos para se pensar o espaço e o tempo do jogo, apontam para uma dupla apropriação, a saber: a evasão como fuga da realidade e a evasão como projeto na realidade.

A idéia da evasão da vida real como fuga, como mecanismo compensador de uma realidade estressante, brutalizante e entediante, é um dos argumentos muito fortes que justificam a importância do jogo na vida das pessoas. A fuga da realidade é uma necessidade humana que possibilita o alívio do "peso" da vida, para que o indivíduo retorne a ela mais aliviado, mais calmo e apaziguado com suas dificuldades[39]. O jogo nesse caso assume então o valor utili-

---

39. Sigmund Freud, em *Além do princípio de prazer* (Rio de Janeiro: Imago, 2003), admite textualmente esta condição do jogo ao afirmar que "A interpretação do jogo se tornou então óbvia. Ele se relaciona à grande realização cultural da criança, a renúncia instintual (isto é, a renúncia à satisfação instintual), que efetuara ao deixar a mãe ir embora sem protestar. Compensava-se por isso, por assim dizer, encenando ele próprio o desaparecimento e a volta dos objetos que se encontravam a seu alcance" (p. 19).

tário de complementação da natureza humana biologicamente determinada. Da mesma forma que ocorre quando da sua utilização por parte do trabalhador sedentário nos finais de semana, já que, em última instância, o desejo de jogar advém de maneira predominante de sua preocupação de complementar e de compensar as horas em que passa trabalhando.

Na percepção da evasão da realidade como catarse, este pressupõe a compreensão do universo inventivo e imaginário produzido pelo jogador no jogo como exclusivamente uma "descarga" das tensões que necessitam ser represadas por ele para que estas não se transformem em danos para o seu organismo psíquico e físico. Face a isso, depreende-se que tal necessidade é compreendida como complemento da vida visando o enriquecimento e proteção à própria existência humana. Ou seja, a "liberação" que o jogo ou a brincadeira promove através do divertimento se dá por ser uma oposição à vida séria. Trata-se, nesse caso, de um movimento de sobrevivência da própria espécie entrar em jogo, ainda que obviamente não se resuma somente a isto, mas, por outro lado, não podemos também deixar de mencionar que o jogo pode ser compreendido como importante papel regulador e equilibrador das emoções humanas. Por exemplo, nos jogos de amor e sedução como, por exemplo, nas brincadeiras de "salada de frutas"[40] busca-se "driblar" a realidade do encontro formal e do constrangimento da aproximação de possí-

---

40. A brincadeira de "salada de frutas" ou de "salada mista", e que provavelmente receba outros nomes em função do nosso rico regionalismo, trata de reunir meninos e meninas em jogos de amor e sedução. Perfilam-se meninos e meninas misturados entre si e elege-se aquele ou aquela que iniciará o jogo. Este ou esta fica de costas para a fileira com os olhos vendados e é perguntada ou perguntado pelo "comandante" do jogo se ele ou ela quer dar no colega que ele, comandante, está apontando naquele momento, "pêra" (aperto de mãos), "uva" (abraço), maçã (beijo no rosto) ou "salada de frutas" (beijo na boca).

veis enamorados que, por vergonha ou medo de se aproximarem, encontram nesta brincadeira ou jogo uma via indireta para produzir tal aproximação. Da mesma forma ocorre nos jogos do gracejo obsceno, onde o que está em jogo é a destruição das barreiras sociais a fim de se promover uma descarga aliviadora das emoções sexuais.

A evasão lúdica do real é a "válvula de escape" necessária para que possamos dar vazão a determinados sentimentos que só poderiam se manifestar na esfera inócua, inofensiva do jogo como realidade cujo fim último é se auto-satisfazer. Assim, da mesma forma que a energia sexual contida, a violência, a agressividade, as angústias, os medos e os desejos diversos que não poderiam ser realizados na sociedade do autocontrole civilizado, vêem na manifestação lúdica dentro do jogo um lugar onde tais sentimentos podem se manifestar sem criar qualquer tipo de dano ou prejuízo para a própria vida social. Por isso, é muito comum quando, no cotidiano, um indivíduo está muito agitado, tenso ou "estressado" ser recomendado para ele ir se "distrair" viajando, jogando um futebol com os amigos, assistir um jogo, enfim, fazer algo que possa desfocar a sua atenção, desviando-a para uma realidade menos ameaçadora. É como se ao fugir momentaneamente da realidade através de uma viagem, real ou imaginária[41], os problemas não irão acompanhar esses indivíduos. Certamente que os problemas não se resolvem quando tentamos fugir deles, mas, por outro lado, ao nos afastarmos deles momentaneamente, podemos percebê-los sob um

---

41. No estudo de Gilberto Velho: *Nobres e anjos* – Um estudo de tóxico e hierarquia (Rio de Janeiro: FGV, 1998), identifica-se que o uso de drogas pode ser compreendido como um estilo de vida e visão de mundo que possibilita alguns indivíduos a suportarem o peso do cotidiano através de pausas necessárias imputadas a ele pelo ritmo frenético das exigências urbanas.

novo ponto de vista. E aí chegamos a uma outra possibilidade de se compreender a evasão da vida real no jogo, através do sentido de projeto.

Do ponto de vista da intervenção, tomando ainda o sentido da evasão da realidade como necessidade vital para a sobrevivência dos indivíduos, o jogo pode de fato ser um importante meio de equilibrar atividades rotineiras e estressantes que, se não tiverem uma pausa, podem levar aqueles que se encontram mergulhados neste contexto a adquirir problemas diversos de comportamento e que, em uma parcela considerável de indivíduos se manifesta através de depressões, neuroses, agressividade, fácil irritabilidade, dentre outros. Cabe, então, permitir que tais pessoas possam ter em seus cotidianos um espaço para o riso, para a distração, para o passatempo e para a liberação de si sob a forma lúdica.

Mas retomemos o sentido de evasão enquanto projeto ao compreendermos que a evasão lúdica da realidade pode ser apropriada também como um movimento onde o sujeito se afasta momentaneamente do real para poder percebê-la melhor. Estamos dizendo que, no estado de jogo, este pode levar o jogador a experimentar sensações e sensibilidades que em seu cotidiano ele não costuma manifestar e que, ao retornar à realidade, de maneira sensível, ele poderá estar pondo à prova a legitimidade de se viver uma vida pautada em determinados valores que não lhe oportunizam viver sentimentos e sensações experimentados sob a forma de jogo e que são tão importantes e significativos para ele.

É claro que tal situação não se dá nem mecanicamente nem no instante em que o sujeito entra pela primeira vez em jogo. Muito menos que tal situação possa ser observada e quantificada de maneira matemática e sistêmica. Trata-se de um movimento de jogar que tende a se repetir, pois profundamente prazeroso e significativo para o indivíduo[42], e que ele mesmo vai tratando de comparar de maneira sensível e não necessariamente consciente e racional com sua realidade, em vias de buscar um equilíbrio entre a vida no jogo e a vida em sociedade, considerando as emoções que se vive e que se quer viver no mundo da vida.

Quando o jogo possibilita ao sujeito mergulhar em seu mundo imaginário e manifestar-se de maneira visceral durante o ato de jogar, tudo o que se vivencia e o que se vivenciará no decorrer do jogo não se perde quando do término do mesmo. Ao contrário, é nesse ponto que estamos fazendo questão de reforçar, pois, ainda que o jogo tenha terminado, as sensações de intensidade e de excitação provocadas durante o jogo ficam registradas sensivelmente. Não costumamos dizer que alguns gestos valem mais do que mil palavras. Pois bem, é justamente isto. No jogo ou brincadeira, os sentidos que são produzidos em seu interior podem deixar marcas profundas que serão tatuadas nos corpos dos jogadores ou brincantes e se enraízam nas histórias de vida desses sujeitos. Como muitas outras sensações e emoções vividas no jogo podem, por outro lado, serem descartáveis, assimiladas somente no universo do jogo, pois não possuem um grau de importância e significado para os próprios indivíduos. Daí a dificuldade de se apontar qual ou quais sentidos vividos dentro do jogo podem ser profundamente

---

42. A repetição à qual estamos nos referindo não tem absolutamente nada a ver com o comportamento compulsivo, que se manifesta através da repetição incontrolável pelo jogo e que pode remeter o indivíduo a distúrbios de personalidade, desagregação e degradação social, culminando em profundo sofrimento psíquico. A esse respeito, na introdução de meu livro *A produção imaginária dos jogadores compulsivos* – A poética do espaço do jogo (São Paulo: Vetor, 2004), discuto sobre as confusões que se elidem sobre o termo jogar repetidas vezes por conta da paixão que o jogo promove como importante atividade cultural, social e humana, do transtorno incontrolável em não conseguir parar de jogar que, decorrido entre 10 a 15 anos de vício, passa a ser considerado pela Psiquiatria clássica como jogo patológico.

identificados como deflagradores de uma possível mudança de comportamento por parte dos sujeitos. Cada grupo social se apropria dos jogos e das brincadeiras de maneira singular, própria e particular, assim como os sentidos que eles atribuem ao próprio ato de jogar.

Entretanto, podemos perceber de maneira assistemática, isto é, empiricamente falando, que no cotidiano somos capazes de ouvir e de observar inúmeras mudanças de comportamento depois que uma criança passou a aderir mais às brincadeiras ou a um desporto propriamente dito. Observamos adolescentes, adultos e idosos, durante as aulas de educação física ou de um outro tipo de intervenção com jogos e brincadeiras recreativas que começaram um programa com um perfil corporal e subjetivo de uma maneira e, passado seis meses, mudaram radicalmente seus comportamentos e suas formas de se pensarem como sujeitos na vida. E quando perguntados sobre o porquê de tais mudanças, a grande maioria dessas pessoas não consegue explicá-las, da mesma forma que, na maioria das vezes, o próprio interventor não conseguia admitir inicialmente no programa o alcance de suas ações.

Tal fato se dá na medida em que o jogo, enquanto linguagem predominantemente sensível e fundamentada no lúdico enquanto manifestação estética, possibilita o jogador e o brincante de se apropriarem de si e do mundo numa perspectiva não-racional e não-utilitária. O que os faz verem tanto a si quanto tudo que se encontra ao seu entorno numa outra perspectiva, numa percepção de mundo mais sensível, mais intuitivo, mais poético[43].

---

43. Em Aristóteles, na sua *Poética* (São Paulo: Ars Poética, 1993), o filósofo nos apresenta, dentre outras coisas, a importância das regras em toda manifestação estética. Entretanto, ela devem ser inerentes à própria experiência estética e não externas a ela. Pois a poética é uma maneira de se comunicar com o mundo para além das exigência deste mesmo mundo.

A recomendação que eu dou para todos os interventores profissionais e não-profissionais que acreditam na importância do jogo na formação dos sujeitos, é sobre a importância de se criar um espaço dentro do tempo ordinário e dos compromissos sociais onde possa vigorar o lazer, aqui entendido como espaço fecundo de liberdade e de criação destituído de qualquer imposição e normas externas para a sua realização. Ou seja, significa disponibilizar o espaço físico para a construção do espaço imaginário, criativo e festivo do jogo, cujo maior objetivo seria celebrar ludicamente a vida como possibilidade se ser e de acontecer misteriosamente.

O jogo é, sem dúvida, uma atividade que pertence à vida humana e que tende a agradar de alguma maneira àqueles que se apropriam dele. A universalidade do jogo não deixa de radicar também pelo fato de conseguir em sua manifestação agregar indivíduos de diferentes gêneros, etnias, culturas e sociedades, fazendo-os convergirem para um determinado objetivo em comum através da linguagem da sensibilidade. No jogo, os jogadores se transformam, mundos se constroem e celebrações intensas são ritmicamente vivenciadas através de cada movimento que alimenta a busca pela natureza imaterial da vida: a alegria, o prazer, as paixões, os desejos, os sonhos, as fantasias, as utopias, as crenças, a superação, a auto-superação, o mistério, a vertigem e o simulacro.

5

O elogio ao jogo

A proposta deste singelo trabalho foi a de apresentar alguns possíveis argumentos na defesa do jogo como conhecimento em si mesmo e como caminho que pode levar a outros conhecimentos tão importantes como o próprio jogo.

Acredito que o jogo possa e deva ser apropriado tanto pelos interventores profissionais quanto pelos pais e demais pessoas que acreditam e gostam do jogo-brincadeira como meio, isto é, como método para ajudar a desenvolver nos indivíduos determinados comportamentos e valores em detrimento de outros. Como também o jogo deve ser aproporiado e oportunizado para os indivíduos enquanto manifestação estética, isto é, enquanto movimento fundado na dimensão lúdica da existência onde a sua maior finalidade é não ter qualquer tipo de finalidade prática, pois ele próprio se basta.

Necessitamos tanto da razão quanto das disposições sensíveis para pensarmos a nós mesmos e ao mundo que nos cerca. Aquele que joga ou brinca não joga ou brinca com o corpo, ele joga e brinca por inteiro com sua subjetividade e com sua sensibilidade. O que há no jogo-brincadeira é que, pelo fato de este ser apropriado pela visão, dá-se a entender que ele é uma atividade corporal e que não produz nada de útil, pois não cria objetos, dinheiro ou algo que pudesse ser valorizado como sério. Mas sabemos e penso que consegui demonstrar que a imaterialidade da vida é aquilo que faz dela de fato vida e não outra coisa. Pois os sujeitos destituídos de seus desejos, de seus sonhos, de suas crenças, de suas fantasias, de suas utopias deixaram há muito de ser aquilo que entendemos por humano. Transformaram-se em coisa. A dimensão humana enquanto realidade simbólica e produtora de sentidos se aperfeiçoa, se aprende e se enriquece ao longo das experiências de vida.

O jogo é uma das manifestações mais sérias que conheço, pois é nele que os indivíduos se permitem profundamente se manifestar como são e como gostariam de ser e não são. O jogo revela e ao mesmo tempo encobre. Revela parte da personalidade do sujeito e encobre a totalidade de seus sonhos e desejos que não podem ser medidos ou identificados à luz da razão de quem está de fora. Pois a linguagem do jogo é predominantemente corporal e sensível, em detrimento de toda funcionalidade e necessidade externa a si própria.

No jogo busca-se atingir permanentemente o gozo, o êxtase, a alegria incomensurável, a experiência indizível daquilo que só pode ser vivido e jamais ser apreendido na totalidade pela cognição. A imaterialidade do jogo é a sua concretude. Pois aqui inverto a lógica corrente que diz que o concreto é o que se vê, o que se toca por oposição ao abstrato, que radica no mundo das idéias, da fantasia. O concreto é aquilo que é profundamente sentido, significado e relevante para o sujeito. A paixão amorosa, o ódio, a inveja, as crenças religiosas, a amizade são profundamente concretas para aqueles que aderem a elas de maneira absorvente e integral. Pessoas cometem loucuras por conta de uma paixão, por ódio são capazes de matar, pela inveja são capazes das mais vis artimanhas e pelas crenças religiosas, dizimar uma etnia e um povo. Como não pensar nesses sentimentos que não possuem cheiro, tamanho, peso, mas que penetram e orientam a vida dos humanos como não sendo concretos...

O jogo é produto e produtor de sentidos, pois espaço simbólico que acolhe a dimensão humana da existência. O fundamento lúdico presente e predominante no mundo do jogo é o que permite a alegria e êxtase vigorar sem qualquer sentimento de culpa ou de julgamento moral por parte do jogador-brincante.

Se o jogo já traz consigo características formais e informais que falam profundamente à alma humana, isto, por outro lado, não significa deixar os indivíduos à mercê de suas apropriações diante do jogo. O jogo é uma dimensão da vida, mas o modo como a vida deverá ser construída no seio de uma cultura e de uma sociedade não pode prescindir de parâmetros éticos e morais, tal qual colocamos no mesmo grau de importância a dimensão estética. Faz-se necessário uma intervenção/orientação para que o jogo possa ser um espaço revelador e transformador das pessoas.

Não somos suficientemente ingênuos para acreditar que o jogo, quando apropriado como intervenção séria, do ponto de vista da formação, na realidade, resolverá todos os problemas dos indivíduos e da sociedade. Temos a certeza e a convicção de que se não podemos mudar as pessoas e o mundo podemos mudar a relação que estabelecemos com as pessoas e com o mundo. E aí o espaço do jogo é um dos espaços possíveis de aprendizagem e de crescimento.

Não é o jogo de competição, o jogo de sorte ou azar, o jogo de vertigem e do risco, o jogo de simulacro que faz com que os indivíduos se tornem arrogantes, viciados, egoístas e desconectados com a realidade. Mas sim, o modo como eles se apropriam desses jogos. O jogo em si mesmo não é ruim nem bom, ele é uma possibilidade concreta de potencializar a vida e de múltiplos sentidos que atribuímos a ela. Portanto, reforço o que disse anteriormente, aquele que joga revela um mundo de sentidos sobre si, sobre o seu universo cultural e social. Há que se ter pessoas qualificadas e sensíveis para melhor orientar os significados produzidos no mundo do jogo visando o bem-viver na vida cultural e societária.

Escrevi este livro num curtíssimo espaço de tempo. Refiro-me ao tempo físico, precisamente 3 semanas. Refiro-me ao tempo simbólico, isto é, ao tempo de minha vivência como professor universitário, como ex-atleta e como leitor assíduo sobre o jogo, aproximadamente 10 anos.

São singelas idéias que fiz questão de partilhar com todos vocês. Tentei e acredito que consegui resumir sem reduzir algumas apropriações que fiz de alguns autores, em especial Huizinga e Caillois. Faço uso de várias notas de rodapé para mostrar a vocês o rigor de algumas passagens que foram apenas pontuadas, propositadamente, por mim. Deixo essas notas como um início de caminho para maiores aprofundamentos e desdobramentos.

Muito ainda há que se estudar e se refletir sobre o jogo e ao ato de jogar. Espero que através da linguagem utilizada neste livro possa ter-me feito compreender pelo maior número de pessoas possível. Este a meu ver é o papel da comunicação, aproximar as pessoas umas das outras. Aprendi que em todo processo de educação, seja ele formal ou informal, o maior objetivo do educador é construir pontes e não muros. Espero que esta possa levá-los a uma maior compreensão da importância do jogo na vida das pessoas que jogam, sob diferentes formas e sentidos, diversos jogos no grande jogo da vida.

6

Referências bibliográficas

ARENDT, H. *Entre o passado e o futuro*. São Paulo: Perspectiva, 1997.

ARISTÓTELES. *Poética*. São Paulo: Ars Poética, 1993.

BAUDRILLARD, J. *O sistema dos objetos*. São Paulo: Perspectiva, 1993.

BENJAMIN, W. *Charles Baudelaire*: um lírico no auge do capitalismo. 3. ed. São Paulo: Brasiliense, 1994.

BRANDÃO, J. *Mitologia grega*. 5. ed. Petrópolis: Vozes, 1992.

CAILLOIS, R. *Os jogos e os homens:* a máscara e a vertigem. São Paulo: Brasiliense, 1990.

CASSIRER, E. *Ensaio sobre o homem*. São Paulo: Martins Fontes, 1994.

CHEVALIER, J. & GHEERBRANT, A. *Dicionário de Símbolos*. 8. ed. São Paulo: José Olympio, 1998.

DOSTOIEVSKY, F.M. *Um jogador*. Rio de Janeiro: José Olympio, 1952.

DUFLO, C. *O jogo*: de Pascal a Schiller. Porto Alegre: Artmed, 1990.

DURAND, G. *A imaginação simbólica*. São Paulo: Cultrix, 1988.

ELKONIN, D.B. *Psicologia do jogo*. São Paulo: Martins Fontes, 1998.

ELIAS, N. *O processo civilizador*. Rio de Janeiro: Zahar, 1990.

FERREIRA, N.T. & COSTA, V.L.M. (orgs.). *Esporte, jogo e imaginário social*. Rio de Janeiro: Shape, 2003.

FREUD, S. *Além do princípio do prazer*. Rio de Janeiro: Imago, 2003.

GODOY, C. *Os jogos olímpicos na Grécia Antiga*. São Paulo: Nova Alexandria, 1996.

GROOS, C. *O brincar como fator psicológico*. Lisboa: Argo, 1941.

HUIZINGA, J. *Homo ludens*. São Paulo: Perspectiva, 1982.

JAEGER, W. *Paidéia* – A formação do homem grego. São Paulo: Martins Fontes, 1995.

KISCHIMOTO, T.M. *Jogos tradicionais infantis*. Petrópolis: Vozes, 1993.

KERÉNYI, C. *Dioniso*: imagem arquetípica da vida indestrutível. São Paulo: Odysseus, 2002.

LARAIA, R.B. *Cultura*: um conceito antropológico. Rio de Janeiro: Zahar, 1998.

LEVY-STRAUSS, C. *Antropologia estrutural*. Rio de Janeiro: Tempo Brasileiro, 1989.

LHÔTHE, J.M. *Histoire des jeux de société*. Paris: Flammarion, 1994.

MORENO, J.L. *Psicodrama*. São Paulo: Cultrix, 1997.

MARIE, J.-F. Plaisir imaginaire et imaginaire du plaisir. *Revue Corps et Culture* [www.corpsetculture.revues.org/document – set./2005].

NIETZSCHE, F. *Vontade de potência*. Rio de Janeiro: Livraria Globo, 1945.

PIAGET, J. *O julgamento moral na criança*. 3. ed. São Paulo: Summus, 1994.

RETONDAR, J.J.M. Jogo e teatro – A arte das representações na trama significativa entre o sagrado e o profano. *Revista Impulso*, vol. 16, n. 39, jan.-abr./2005, p. 37-52. Piracicaba.

____ A dimensão sagrada do jogo e da festa – O corpo na trama misteriosa do numinoso. In: LOVISAR, M. & NEVES, L.C. (orgs.). *Futebol e sociedade*: um olhar transdisciplinar. Rio de Janeiro: Eduerj, p. 105-115, 2005.

_____ *A produção imaginária de jogadores compulsivos* – A poética do espaço do jogo. São Paulo: Vetor, 2004.

_____ A vontade de poder no jogo. *Revista Ação e Movimento*, mai.-jun./2004, p. 112-124. Rio de Janeiro: Atlântida.

_____ Jogo: diálogo do homem com o invisível. *Revista Motrivivência*, ano 9, n. 10, 1997, p. 214-224.

_____ *Alguns sentidos do ato de jogar*. Rio de Janeiro: Univ. Gama Filho, 1995 [Dissertação de mestrado].

SCHILLER, F. *A educação estética do homem numa série de cartas*. São Paulo: Iluminuras, 1990.

SARTRE, J.P. *Com a morte na alma*. São Paulo: Nova Fronteira, 1994.

_____ *A idade da razão*. São Paulo: Nova Fronteira, 1983.

_____ *Sursis*. São Paulo: Nova Fronteira, 1981.

VALERY, P. *A alma e a dança*. São Paulo: Imago, 1996.

VELHO, G. *Nobres e anjos* – Um estudo de tóxico e hierarquia. Rio de Janeiro: FGV, 1998.